農山村からの地方創生

小田切 徳美・尾原 浩子 著

筑波書房

はしがき

「地方創生消滅！」

ある大手新聞記者のつぶやきです。ほとんどの農山村の将来を「消滅」と予測する「地方消滅論」をきっかけにして、鳴り物入りで地方創生が発足しました。ところが、国政の中でいつのまにかその位置づけが弱くなり、「地方」ではなく「地方創生」が先に消滅しつつあるような状況が生じています。それを皮肉っています。

確かに、２０１２年から始まった第２次安倍政権は、地方創生以降、「一億総活躍社会」、「働き方改革」、「人づくり革命」と、内閣改造や選挙のたびに看板テーマを掛け替えています。そのため、冒頭の言葉のように揶揄したくなるような情勢にあることは事実です。

しかし、地方創生という政策の次元ではそうかもしれませんが、農山村の各地で営々と取り組まれている「地域づくり」の動きはまったく異なります。なかには、急ぎすぎた地方創生が、従来からの取組みに水を差したところもあれば、逆に地域の内発的発展を応援することに繋がった例もあります。しかし、地方創生を横目に見ながら、重心を低くして、一歩ずつ進んでいる地域も少なくありません。

そうであれば、必要なことは、地方創生が唱えられる時代において、農山村の現場ではどのように、外部からの動きと連携しながら前進しようとしているのかを明らかにすることだろうと思います。そして、その実情から逆にあるべき地方創生を語ることが求められます。それは、決して農山村だけでなく、急速に高齢化が進む都市部、特に首都圏の各地になんらかの示唆を与えることも期待されます。「農山村からの地方創生」はこうした文脈を意識したタイトルです。

そのため、本書は政策レベルでの地方創生の動きを、全面的に否定することも、逆に無条件で礼讃することもしません。農山村の現場における、地域づくりの動きとの関係でそれを評価し、位置づけようとしています。

◆　◆　◆

本書の成り立ちも少し説明しましょう。

著者の小田切は研究者、尾原はジャーナリストであり、また世代も異なります。ところが、日々農山村の地域と人々を訪ね、小さな声を拾い上げる「歩き屋」である点は共通しています。あるときに、それぞれがインタビューや調査のために訪問した地域が驚くほど重なっていることに気がつきました。本書には多くの地域や人が登場していますが、著者それぞれが異なる機会に歩き、地元の皆さんに出会い、そして彼らと議論や取材をしています。そこで、共通に見た実態を、地域のリアルな声とともにまとめたい、というのが本書の素朴なスタートラインでした。そこで、必然的に生まれてきたのが、先に述べた「農山村からの地方創生」というスタンスです。

しかし、2人の著者の手法は異なり、それによる筆致の違いも見られます。本書では、あえてそれを調整していません。むしろ、研究的接近、ジャーナリズム的接近という複眼的なアプローチが、読者の皆さんの下で立体的に結像するのではないかと期待しています。

なお、本書の校閲は、小田切が以前、『農山村は消滅しない』（岩波書店）などの編集でお世話になった山川良子さんにお願いしました。いつものように山川さんの指摘が本書を大幅な改善に導いてくれました。また、筑波書房の鶴見治彦社長はいっこうに進まない私たちの執筆をいつも温かく見守り、入稿後は最短のスケジュールで本書の出版を実現してくださいました。記して感謝いたします。

本書には沢山の農山村の現場が登場します。その共通点は、困難な中で着実に前を向き、前進をしていることです。本書がこうした取組みを応援するものとなれば、2人の著者にとって望外の幸せと言えます。同時に、それが成功しているか否か、読者からの忌憚のない批判をいただきたいと願っています。

2018年2月

小田切　徳美
尾原　浩子

【執筆分担】

第１章　小田切徳美
第２章　小田切徳美
第３章　小田切徳美
第４章
　（１）　小田切徳美
　（２）　尾原浩子
第５章　尾原浩子
第６章　尾原浩子
第７章　尾原浩子
終　章　小田切徳美

目次

第1章　農山村の歴史的位置――危機・再生・動揺

（1）農山村における「失われた20年」

1　農山村の「失われた20年」

1991年のバブル経済崩壊以降の日本の状況はしばしば「失われた20年」と称されます。農山村でも、ほぼ同じ頃からいくつかの「危機」が始まっていました。

その危機はコミュニティと経済の両面に現れています。社会学者の大野晃氏が、「限界集落」という刺激的な新語とともに、高知県の山村における厳しい実態を明らかにしたのは1991年でした(1)。大野氏は、少なくない集落が限界化のプロセスを経て、集落消滅に向けて推移することを示唆しました。すでに多方面で指摘されているように(2)、この議論は性急に将来を描きすぎた側面がありますが、過疎化・高齢化の問題は、最終的には農山村コミュニティ自体の揺らぎとして現れるという問題提起は正しかったと言えます。

このような過疎化・高齢化に伴う問題は、中国山地や四国山地などの西日本農山村を起点として「東進」し、東日本にも拡大していきました。さらに平地に「里下り」し、西日本では平地農村でも家族の高齢一世代化（高齢夫婦世帯化や高齢単身世帯化）が進みます。このようなプロセスを経て、集落レベルの問題は日本列島の多くの農村部に広がっていきました。農村における「コミュニティの危機」の時代の始まりです。

そして、この90年代は同時に、農村に「経済の危機」が覆いはじめた時期でもあります。しかし、それは「失われた20年」の契機となったバブル経済の崩壊とは少し違う動きでした。

図1－1は農業粗生産額と政府建設投資額（土木事業）の推移を表したものです。農業粗生産額は１９８０年代中頃にピークとなり、その後停滞

図 1-1　農業粗生産額と政府建設投資額（土木事業）の推移
（全国、1960 年～2015 年）

注：資料＝農業粗生産額は農林水産省「生産所得統計」、政府建設投資額は国土交通省「建設投資見通し」。(2015 年度は見通し)。

し90年代中頃から本格的に縮小を始めます。そして、あたかもそれを補完するように土木事業への建設投資が急増します。ところが、それも90年代末をピークとして、逆に急減しはじめます。したがって、90年代末からは両者がともに減少する局面となっています。

資料は略しますが、この時期には政府の統計（農林水産省「農業経営動向調査」）によっても、農家所得が、主業農家（おおむね専業農家）よりも、副業農家（おおむね第2種兼業農家）で大幅な減少がみられるという状況も生まれていました。その結果、２００３年には、副業農家の農外所得による家計費充足率は１００％を切る状態となりました（96・7％）。つまり、このタイプの農家でも、農外からの所得だけでは暮らしていけず、年金や農業の所得が欠かせない状況となってきたのです。

このように１９９０年代以降は、農村、特に条件が不利な農山村では「コミュニティ」と「経済」の2つの危機が併進していました。つまり、日本経済や社会の「失われた20年」は、農山村にとっては、「コミュニティと経済の危機」として現れていたのです。

2　対抗軸としての「地域づくり」

こうした状況に対して、農山村の人々は手をこまねいているわけではありませんでした。地域からの本格的な対応は90年代後半から始まります。その先駆けとなったのは、西日本農山村、特に中国山地における「地域づくり」の取組みでした。拙著『農山村は消滅しない』(3)でも取り上げましたが、それは、鳥取県智頭町の「ゼロ分のイチむらおこし運動」ではじめて体系的な姿が示されたと言えます。

その運動では、自らの取組みについて、「ゼロ分のイチ村おこしとしたのは、日本一への挑戦は際限のない競争の論理であるが、0から1、つまり、無から有への一歩のプロセスこそ、建国の村おこしの精神であり、この地に共に住み、共に生き、人生を共に育んでいく価値を問う運動である」(「日本ゼロ分のイチ村おこし運動」企画書、1996年)と高らかに唱えていました。さらに、この挑戦の地域リーダーは次のように解説しています。

ゼロイチ運動[「ゼロ分のイチ村おこし運動」の略称——引用者注]の目的は村の誇りとなる特色を1つだけ掘り起こし、それを村の『宝』として、「住民自治」、「地域経営」、「内外の交流」の3本の柱により、10年後を見据えて住民自らが地域の活性化計画を作成して宝を磨きます。この運動では、自立して村を経営する考え方(観点)が重要です。つまり、自らの手で治める自治意識こそ運動の要だという考え方です(4)。

このように、当時でも地域を住民自身が動かし、再生することが強く意識されていたことがわかります。

こうした地域づくり運動は、その後各地に広がりましたが、特に長野県飯田市では、自治体レベルで、さらに体系的な戦略に仕上げられました。ここでは市の独自の政策として「人材サイクル」の構築を掲げています。市内に4年制大学がないこの地域では、高校卒業時の東京等への若年人口の流出が約80％に達し、最終的に戻るのは同世代の約40％程度にとどまっています。そのため、飯田市長の牧野光朗氏は、「飯田市が持続可能な地域づくりを進めていく上では、できるだけ多くの若い人たちがこの地域で子育てをし、次の世代を育んでもらえるような『人材のサイクル』を作っていくこと」を市政のメインテーマの1つとして掲げました。具体的には、次の3点が政策課題となっています。すなわち、①帰ってこられる産業づくり、②帰ってくる人材づくり、③住み続けたいと感じる地域づくりです。

①に対しては、「外貨獲得・財貨循環」（地域外からの収入を拡大し、その地域外への流出を抑える）をスローガンに地域経済活性化プログラムを実施しています。また、②では「飯田の資源を活かして、飯田の価値と独自性に自信と誇りを持つ人を育む力」を「地育力」として、家庭－学校－地域が連携する「体験」や「キャリア教育」を主軸とする教育活動が展開しています。そうすることにより、いわば「飯田のＤＮＡ」を持ち、いつでも戻ってくるような人材を育てることに注力しています。そして、③に関しては、地域づくりの「憲法」とも言える自治基本条例を策定し、さらに地域活動の基本単位となっている公民館ごとに新たな自治組織を立ち上げ、その運営を市の職員が全面的にサポートするという体制が構築されています。

このように、ここでは①～③が戦略的にパッケージ化されています。先の智頭町から始まる地域づくりの進化形と言えるでしょう。他の地域での実践を含めて、それらに共通する特徴を改めて取り出せば、第1にコミュニティと経済の両面での再生が意識されています。第2に、それに加えて、この地域づくりにはかならず「人材づくり」が位置づいています。それは、学校教育を重視したものもあれば、交流を通じて、いわゆる「ヨソモノ」が地域に与える刺激を意識したものなど地域によってさまざまです。しかし「人材」という基礎的な要素を意識し、そこから取り組むという点では一致しています。

以上の点から、要するに、「コミュニティ」、「経済」、「人材」の一体的取組みが地域づくりだと言えそうです。農山村を覆いはじめた危機の中で、こうした動きが始まったことは地域のからの「対抗軸」の提起と言えるでしょう。しかも、智頭町でも飯田市でもそうですが、それは中央政府や外部のコンサルタントからの指示や指導によるものではなく、地域自体が探り当てた内発的な動きであり、そこには大きな希望が見いだせます。その点で、国全体として「失われた20年」と言われるこの時期は、農山村では「希望に向けた20年」と言えそうです。

（2）「地方消滅論」の登場とその影響

1　「地方消滅論」の登場

しかし、この地域づくりの動きもスムーズに進んだわけではありません。２０００年代に入ると、せっかくのこの「希望」の取組みを大きく後退させるインパクトがありました。それは「平成の市町村合併」であり、2006年まで続きます。

この時期の市町村合併をめぐっては今日でもさまざまな評価があります。しかし、地域づくりに取り組みつつあった人々が、市町村の合併をめぐる議論に巻き込まれ、そこにエネルギーを削がれたことは間違いないでしょう。また、合併の結果、大きな都市の周辺化した地域では、今までの町役場が支所となり、行政的な機能が後退した例は少なくありません。そのため地域づくりの取組みへのサポート体制が脆弱化した地域も多く見られます。

こうして平成の市町村合併は、スタートしていた地域づくりに甚大な影響を与えました。その点で、平成の市町村合併促進策はその内実もさることながら、特にこのタイミングについては問題含みだったと言えます。

しかしその負のインパクトも徐々に薄れ、2010年代には地域での取組みも落ち着きを取り戻しつつありました。地域づくりの動きは再度息を吹き返したのです。この点について、たとえば、農山村におけるユニークな地域づくりに挑戦しつづけている長野県泰阜村村長の松島貞治氏は、2013年には次のように発言していました。

やっぱり農村に価値があるっていうような潮流になって、あらためて、まんざら見捨てたものではないという感じがしています。それは、ここ10年ぐらいかな。うちのほうはリーマンショックが起こっても、えらい影響も受けないし、株価が3万円になっても別にいいこともない。ずっと低空飛行のまま。落ちそうで落ちない。農村の価値というのは、低空飛行でいいのかもしれません（筆者と対談時の発言、２０１３年3月）。

控えめな表現ですが、２００９年のリーマンショックなど、ダッチロールを繰り返す都市経済に対して、その当時のむしろ落ち着いた農山村における、未来への展望が語られています。

しかし、そのような状況もまた長くは続きませんでした。農山村に再度の動揺をもたらしたのは、２０１３年11月から公表が始まる一連の増田レポートでした。元総務大臣の増田寛也氏らによるこのレポートは一般に「地方消滅論」と呼ばれています。

増田レポートには、すでに多くのコメントがあり、ここで詳細にそれを論じませんが、レポート自体の内容は次の２点に尽きています。

①日本では激しい少子化傾向があり、特にそれは人口集中が進む大都市で著しい。したがって、東京圏一極集中が進行するに従い、人口減少は加速度的に進行する可能性がある。それに対する基本方策としては、若者が自らの希望に基づき結婚し、子どもを産み、育てることができるような社会をつくる

ことが必要である。

②東京圏をはじめとする大都市圏に若者が集中する傾向が続く。その結果、地方は単なる人口減少にとどまらず、「人口再生力」そのものを流出させることになる。その延長線上に一部の地方は消滅する可能性もある。それに対して、「選択と集中」という考え方により、地方に「若者に魅力のある地域拠点都市」を中核とする「新たな集積構造」を構築することが求められている。

①は少子化とその対策であり、②は地方の人口減少と対応策を論じたものに他なりません。つまり、前者が少子化問題であり、後者が地方問題であり、この両者を同時に語っているところに増田レポートの特徴があります。

しかしながら、**表1－1**にもあるように、この議

表1-1　「地方消滅論」と「地方創生」をめぐる流れ

時期	内　容	
2013年	11月10日	第1増田レポート発表（増田寛也+人口減少問題研究会「2040年、地方消滅、『極点社会』が到来する」、『中央公論』12月号）
2014年	5月8日	第2増田レポート発表（日本創成会議・人口減少問題検討分科会『成長を続ける21世紀のための「ストップ少子化・地方元気戦略」』）
	5月10日	第3増田レポート発表（増田寛也+日本創成会議・人口減少問題検討分科会「消滅する市町村523」、『中央公論』6月号）
	6月24日	骨太の方針2014年閣議決定
	7月25日	まち・ひと・しごと創生本部準備室発足
	8月25日	増田寛也編著『地方消滅』発行（中央公論社）
	9月5日	まち・ひと・しごと創生本部事務局設置
	9月12日	まち・ひと・しごと創生本部・第1回会合（全閣僚）
	9月19日	まち・ひと・しごと会議・第1回会議（関係閣僚+民間委員）
	9月29日	まち・ひと・しごと創生法案閣議決定
	11月21日	まち・ひと・しごと創生法成立
	12月27日	まち・ひと・しごと総合戦略閣議決定（同長期ビジョンも）

注：網掛けは政府の動き

論を公表した雑誌や書籍が「地方」やその「消滅」を強調したこともあり、全体として、少子化対策というよりも「地方消滅論」として人々に印象づけられました。こうして、そのインパクトは地方、特に農山村を直撃することとなります。

2 「地方消滅論」の特徴と影響

この「地方消滅論」について、しばらく見ていきましょう。まず、この議論の形式的な特徴に関して言えば、第1に、人口推計部分と政策提言部分に、大きなアンバランスを見ることができます。それは、人口推計に関わる表現が「消滅可能性都市」などと過激であるのに対して、それに対応する政策提言は必ずしもそうではなく、むしろ穏健とさえ言える部分もあり、そこにはギャップがありました。

後に明らかにされたように、一連の増田レポートである日本創成会議の提言にはさまざまな省庁の担当者が関わったとされています(5)。そのためもあり、政策提言自体は、むしろ現状の政策の延長線上にあるものがほとんどで、決して突飛な内容ではありません。こうしたアンバランスのため、人々の関心は激しい言葉で論じられる人口推計に集中してしまったのだと思われます。

第2に、この「地方消滅論」の広報戦略の丁寧さも指摘しておきたいと思います。先の**表1―1**にあるように、波状的にその内容は明らかにされ、最終的には1冊の本にまとめられるという公表の仕方は、多くの人々に議論を届けるという点で成功しています。また、導かれた「消滅可能性都市」(自治体)

の固有名詞をそのデータとともに公表した点も同様の効果を持ちました。ついでながら言えば、日本創成会議レポートの公表約1週間前には、東京都内でマスコミを集めた事前説明会が行われていました。特に地方新聞が、公表日（情報解禁日）に市町村の固有名詞を取り上げながら詳細に報道できたのは――例えば、東北地方のある地方紙の公表翌日紙面の見出しは「27市町村若者女性大幅減」、「○○76%、××75%」（○○等は町村名）――、このような周到なプロセスがあってのことだろうと思われます。いまから振り返れば、処方箋よりも人口推計が注目され、さらにそれが「乱暴すぎる」とされなかったのも、このような広報戦略があったからでしょう。

こうして、「地方消滅論」のインパクトは、世の中の関心を引き出すことに成功しました。そして、それはまた政治にとっても大きなインパクトでした。この「地方消滅論」と政治・政権との関係は少しわかりづらいプロセスですが、元鳥取県知事・元総務大臣で霞ヶ関の動きにも詳しい片山善博氏は次のように明快に論じています(6)。

そもそも、「地方消滅論」は、片山氏によれば、「霞ヶ関の影のタスクフォース」が「世の中に衝撃を与えるようなレポートを出すことにより、自分たちの政策を進めやすい下地をつくろうという意図があったことは明らかです」としています。これは、しばしば「ショック・ドクトリン」(7)と呼ばれる手法で、決して珍しいことではありません。しかし、片山氏は、このような一部の霞ヶ関サイドの意図とは異なり、このインパクトを政権が活用したと推測しています。つまり、「……大きな社会的インパクトを与えたことを見てとった政権側が政治的な利用価値があると考えた。というのも、安倍政権はTPP参加交渉をはじめ、新自由主義的な政策で地方を痛めつけてきました。［2015年――引用者注］4月の統一地方選を前に形だけでも慰撫策、融和策をとらないとダメージが大きいと考えたはず」と論じています。

つまり、地方消滅論は、一部の霞ヶ関官僚を震源地とし、さらに別の意図でその地震波を増幅しようと政治が動いたものだと推測しているのです。そこでは目的は異なりますが、政治（政権）と官僚が「地方消滅論」の大きなインパクトを利用しようとしている点では一致します。そして、こうした同床異夢がそのまま「地方創生」を生み出したということになります。

確かに、**表1―1**でも見たように、地方創生の政策化プロセスは通常ではおよそ考えられないスピードで進んでおり、このような構図が背景にあったとしても不思議ではありません。また、地方創生本部（まち・ひと・しごと創生本部）事務局が設置（2014年9月）された際の安倍首相の次の訓示にもそれが現れています。

安倍内閣の今後の最大の課題は、豊かで、明るく、元気な地方を創っていくことであります。今までも、「地域こそ日本の活力の源である」、「地域が元気でなければ日本は元気にならない」、こういう掛け声はあったのでありますが、残念ながら、今地域の状況は厳しい。このままでは消滅をする地域も出てくると予測されているわけでありまして、まさに喫緊の課題、待ったなしと言ってもいいと思います（2015年9月5日）。

ここでも、「地方創生」を「最大の課題」、「待ったなし（の課題）」としており、そして、その根拠として、やはり「地方消滅」が位置づけられています。

このように、地方創生は、「地方消滅論」のきわめて強い追い風を受けて、異例のスピードと社会的インパクトを携えて始まりました。

（3）本書の課題——地域づくりの正念場の中で

「地方創生」が生まれた、こうしたプロセスから確認できることは、少なくともそれが急速に政策化された2014年の地方消滅論と地方創生をめぐる議論の中に、地方部、特に農山村で取り組まれていた地域づくりのリアルな動きが、ほとんど登場していなかったことでした。

本章の冒頭で見たように、農山村は幾重もの困難に直面しながらも、それに対抗するように、その一部が「地域づくり」に乗り出し、そして重心を低くしながら前進していました。しかし、そんなことは、「消滅」というインパクト、そして「地方創生」という一直線に走る政治過程の中では意識されていなかったのです。

むしろ、地方部を「消滅」一色に断じる前に、そのような中でも生まれている取り組みをきちんと評価して、それを広げ、伸ばすことこそが地方創生として議論すべきことだったように思います。

さらにこのような「現場不在」の議論の中で、一部の農山村では深刻な事態も生じています。それは、「地方消滅」というインパクトが、農山村の具体的な現場では諦観につながっているという点です。地方紙をはじめとする地元マスコミを通じて、繰り返される固有名詞入りの「地方消滅」の情報は、多くの人々に不安を与え、中には「諦め」に似た気持ちを持つ人々が生まれたとしても不思議ではないでしょう。

つまり、私たちが注目している地域づくりは、先にも触れた平成の市町村合併に続いて、ここでも揺らいでいます。それは、市町村合併の影響から、ようやく脱したと思われた頃の再びの動揺であり、今回は地域の可能性を根底から奪う住民の「諦観」という形でそれが現れはじめている可能性があるのです。私たちは現在の農山村をこのような歴史的文脈に位置づけています。その点で、正念場だと感じています。

こうした中で、今求められていることは、地域の危機の対抗軸として生まれてきた多面的で、多様な地域づくりの取り組みを「農山村からの地方創生」として見つめ、今後のその可能性をきちんと評価することだろうと思います。本書の課題はまさにここにあります。

注

(1)大野晃「山村の高齢化と限界集落」『経済』1991年7月号。
(2)小田切徳美『農山村再生――「限界集落問題」を超えて』(岩波書店、2009年)、山下祐介『限界集落の真実――過疎の村は消えるか?』(筑摩書房、2012年)等を参照。
(3)小田切徳美『農山村は消滅しない』岩波書店、2014年。
(4)寺谷篤志『定年後、京都で始めた第2の人生――小さな事起こしのすすめ』岩波書店、2016年、77~78頁。著者の寺谷氏は智頭町の地域づくりのリーダーで、同町内における住民主導のさまざまなプロジェクトを仕掛けた(この点も寺谷・前掲書を参照のこと)。
(5)片山善博・小田切徳美「(対談)真の『地方創生』とは何か」(『世界』2015年5月号)における片山氏の発言。
(6)前掲・片山・小田切対談における片山氏の発言。
(7)ナオミ・クライン著(幾島幸子・村上由見子訳)『ショック・ドクトリン――惨事便乗型資本主義の正体を暴く』(上、下)、岩波書店、2011年(原著は2007年刊行)。

第2章　地方創生の論点――地域づくりとの関係

(1)　地方創生とその特徴

1　地方創生法の意義

前章で見たように、きわめて政治的なプロセスを経て、2014年9月より本格的に政府による地方創生が始まりました。もちろん、その過程に疑念があるからと言ってその政策のすべてを否定するものではありません。むしろ、紆余曲折はありつつも、農山村で進みつつある地域づくりの動きとこの地方創生がどのように関連づけられるのか、政策の内容に踏み込んで考える必要があると思います。

そこで、まず、地方創生政策の枠組みを見ていきましょう。そのためには、2014年11月に制定された、まち・ひと・しごと創生法（以下、「地方創生法」）を見るのが適当でしょう。意外にもこの法律そのものが議論されることは多くはありません。

そこで、やや詳しく見ていきたいと思います。**図2―1**は政府が示したこの法律の概要です。これで全体が収まるほどのコンパクトな法律（条文数は20）ですが、地方創生の定義や政策の枠組みを示し、さらに２０１４年9月に設置された「まち・ひと・しごと創生本部」（以下、地方創生本部）をこの法律で規定しています。つまり、地方創生の根拠法と言えるものです。

この法律の特徴として、次の諸点が指摘できます。

第1に、この法律の目的は「少子高齢化の進展に的確に対応し、人口の減少に歯止めをかけるとともに、東京圏への人口の過度の集中を是正し、それぞれの地域で住みよい環境を確保して、将来にわたって活力ある日本社会を維持していく」（第1条）とされており、そこには、①人口減少対策（人口減少の歯止め）と②地方対策（東京一極集中の是正）の両者が掲げられています。これは、前章で見た、「地方消滅」を論じた増田レポートの問題意識と重なります。

第2に、ⓐ「まち」、ⓑ「ひと」、ⓒ「しごと」が、それぞれ、ⓐ国民一人一人が夢や希望を持ち、潤いのある豊かな生活を安心して営むことができる地域社会の形成、ⓑ地域社会を担う個性豊かで多様な人材の確保、ⓒ地域における魅力ある多様な就業の機会の創出と定義され、「地方創生」とは、この3者を一体的に推進することと位置づけられています（第1条）。それは、地方創生が地域社会・コミュニティ・人材・就業機会に関わる総合的施策であることを明らかにしたものと言えます。

第3に、この法律では、地方創生本部の設置や総合戦略の策定を除き、具体的な国レベルの政策的規定はなく、第7条で「国は、まち・ひと・しごと創生に関する施策を実施するため必要な法制上又は財

図2-1　地方創生法の概要

目的（第１条）

少子高齢化の進展に的確に対応し、人口の減少に歯止めをかけるとともに、東京圏への人口の過度の集中を是正し、それぞれの地域で住みよい環境を確保して、将来にわたって活力ある日本社会を維持していくために、まち・ひと・しごと創生（※）に関する施策を総合的かつ計画的に実施する。

※まち・ひと・しごと創生：以下を一体的に推進すること。

まち…国民一人一人が夢や希望を持ち、潤いのある豊かな生活を安心して営める地域社会の形成

ひと…地域社会を担う個性豊かで多様な人材の確保

しごと…地域における魅力ある多様な就業の機会の創出

基本理念（第２条）

①国民が個性豊かで魅力ある地域社会で潤いのある豊かな生活を営めるよう、それぞれの地域の実情に応じた環境を整備

②日常生活・社会生活の基盤となるサービスについて、需要・供給を長期的に見通しつつ、住民負担の程度を考慮して、事業者・住民の理解・協力を得ながら、現在・将来における提供を確保

③結婚・出産は個人の決定に基づくものであることを基本としつつ、結婚・出産・育児について希望を持てる社会が形成されるよう環境を整備

④仕事と生活の調和を図れるよう環境を整備

⑤地域の特性を生かした創業の促進・事業活動の活性化により、魅力ある就業の機会を創出

⑥地域の実情に応じ、地方公共団体相互の連携協力による効率的かつ効果的な行政運営の確保を図る

⑦国・地方公共団体・事業者が相互に連携を図りながら協力するよう努める

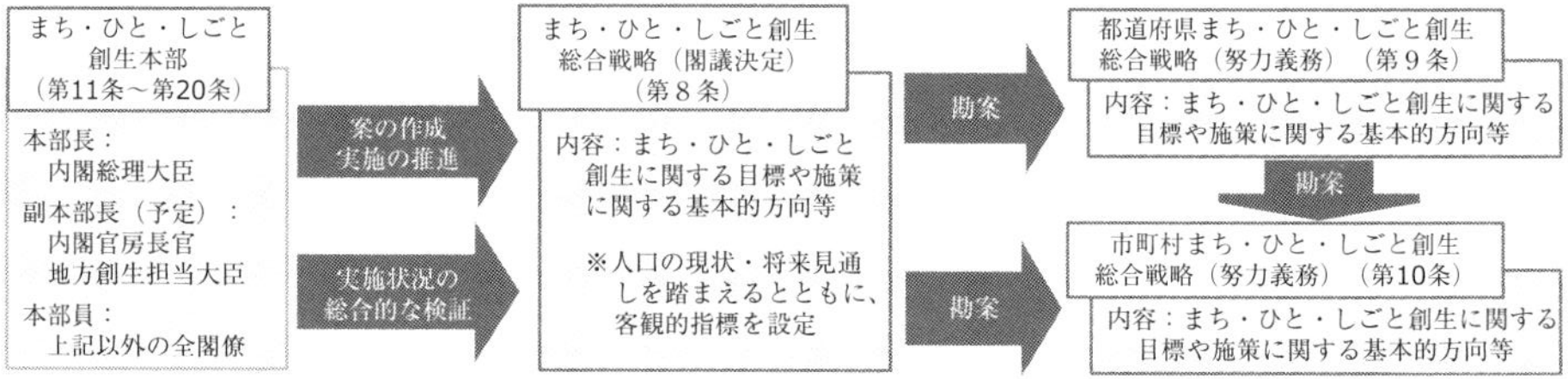

注：資料＝地方創生本部資料より引用（一部加工）。

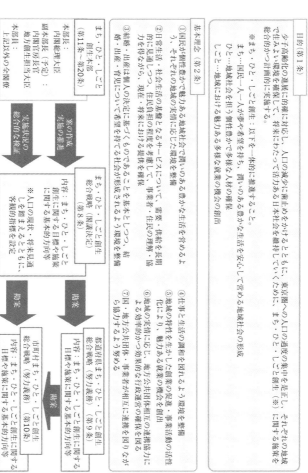

政上の措置その他の措置を講ずるものとする」という、一般的な規定がなされているにとどまっています。

それとは対照的に、第4に、「まち・ひと・しごと総合戦略」に関しては、第8～10条で具体的に規定されています。第8条で「客観的な指標を設定する」こと、また都道府県や市町村が、国を含めた3層の体制を勘案して総合戦略を「定めるように努めなくてはならない」と、地方自治体の努力義務が書き込まれています（第8条、第9条）。法律全体のボリュームから見ても、この法律はここに重点があるようです。

以上のことから、地方創生法で定められているのは、①人口減少対策と地方対策を同時に進めることを目的として、それを、②まち（地域社会）、ひと（人材）、しごと（就業機会）の各領域を一体的に振興することでそれを実現しようとするものであるが、③その具体的な手法は国と地方自治体による総合戦略の策定に主に委ねられる、ということだと理解できます。

このような枠組みの中で、①の目的規定に関わり、次の2点は重要な論点だと思います。第1は、この法律が「人口減少の歯止め」と「東京一極集中の是正」を法律上で明記している点です。いままでも、それぞれは政府の重要な方針であったとしても、それが法律に書き込まれたのは初めてのことでしょう。当時の政策担当者はさらに踏み込んで次のように指摘しています。「法律で定めた以上、少なくとも一内閣や時々の政権の意向のみによって変更することはできない」(1)。この点の重みは、関係者のみならず、国民にもっと認識されてよいでしょう。

他方で、第2に「人口減少の歯止め」、「東京一極集中の抑制」という二重の目的がセット化されている点には問題もあります。そこから、必然的に地方創生と人口動態が直結するという関係が意識されることになります。この後、地方版総合戦略が都道府県や市町村で作成されることになりますが、同時に各地の人口ビジョンの策定が求められるのは、ここに根拠があると考えてよいでしょうか。しかし、現実には、両者は常に直結するものではありません。地方創生の「ひと」がそもそも人口ではなく「人材」として位置づけられているのは、その点を認識してのことでしょう。しかし、両者を並べることで、常に人口動態が意識され、地方創生の評価が人口動向だけでなされると想定されてしまう問題を生み出しているように思われます。

2　地方創生の実現手段

こうして人口減少や東京一極集中の防止という国政上のトップクラスの重大課題が、前項で指摘したように最終的には地方自治体、特に市町村の総合戦略とその実践に委ねられるという枠組みが、この地方創生法を出発点として生まれてくることになりました。そして、国レベル、特に地方創生本部が、課題の実現に強い意欲を持てば持つほど、自治体の総合戦略を通じた政策実現という手段が選択されることになります。そこで登場するのが、「自治体の総合戦略づくりと国から地方自治体への交付金配分をセット化する」という手法です。

この点については、少し説明が必要でしょう。まず、交付金についてですが、折しも、地方創生が国政レベルの重要課題となる中で、地方自治体には、国からの財政支援への期待が強まっていました。そのため、都道府県知事会等の地方6団体は、「自由度が高い」、「使い勝手がよい」などの特徴を持つ「新型交付金」の創設を要望していました。そして、それに応えるように、2015年12月に決定された国レベルの総合戦略では「使途を狭く縛る個別補助金や、効果検証の仕組みを伴わない一括交付金とは異なる、第三のアプローチを志向する」として、そうした交付金の検討が明記されました。

また、地方版総合戦略は先の地方創生法で「努力義務」として規定されたものですが、地方創生本部は「国が12月27日に閣議決定した『長期ビジョン』及び『総合戦略』を勘案し、都道府県及び市町村は、平成27年度中に『地方人口ビジョン』及び『地方版総合戦略』を策定する必要がある」として、そのための「通知」やその参考とする「手引き」を示しました。その際、地方6団体が要求した「新型交付金」については、補正予算による「地方創生先行型」の交付金を設定し、「地方版総合戦略の早期かつ有効な実施には手厚く支援する」ことが明記されました。これは総合戦略の内容次第で交付金が左右されることを意味しています。

つまり、地方創生法（先の**図2―1**）で見たように、国においては、直接的な政策手段が十分に準備されていなかったにもかかわらず、地方が「自由度が高い」と要望したものを逆手にとり、総合戦略の評価とセットとすることにより、むしろ、地方にとってというよりも、国にとって自由度が高い政策システムが構築されることとなりました。「自治体の総合戦略づくりと国から地方自治体への交付金配分をセット化する」とはこのような意味を持つことになります。

（2）地方創生と地域づくり――2つの論点

1　領域としての「まち」、「ひと」、「しごと」

このようにして、２０１４年12月に地方自治体に先駆けて国レベルの総合戦略（２０１５～２０１９年度が対象期間）と、より長期にわたる展望や方向性を論じた長期ビジョン（２０６０年までの期間を想定）が策定されました。

繰り返しになりますが、特に総合戦略は、地方創生法により都道府県や市町村が「勘案」するものであり、地方自治体が作成する戦略に大きな影響を与えたものと言えます。その総合戦略と長期ビジョンの概要は、地方創生本部により、**図２―２**のように示されています。

これを見て、すぐに気がつくことは、先に見た地方創生法の枠組みとこの2つの戦略・ビジョンは必ずしも対応していないことです。形式的にわかることをまず記してみましょう。

第1に、目標に相当する「長期ビジョン」に、地方創生法などでは見当たらない、「成長力の確保」

図2-2　地方創生総合戦略概要

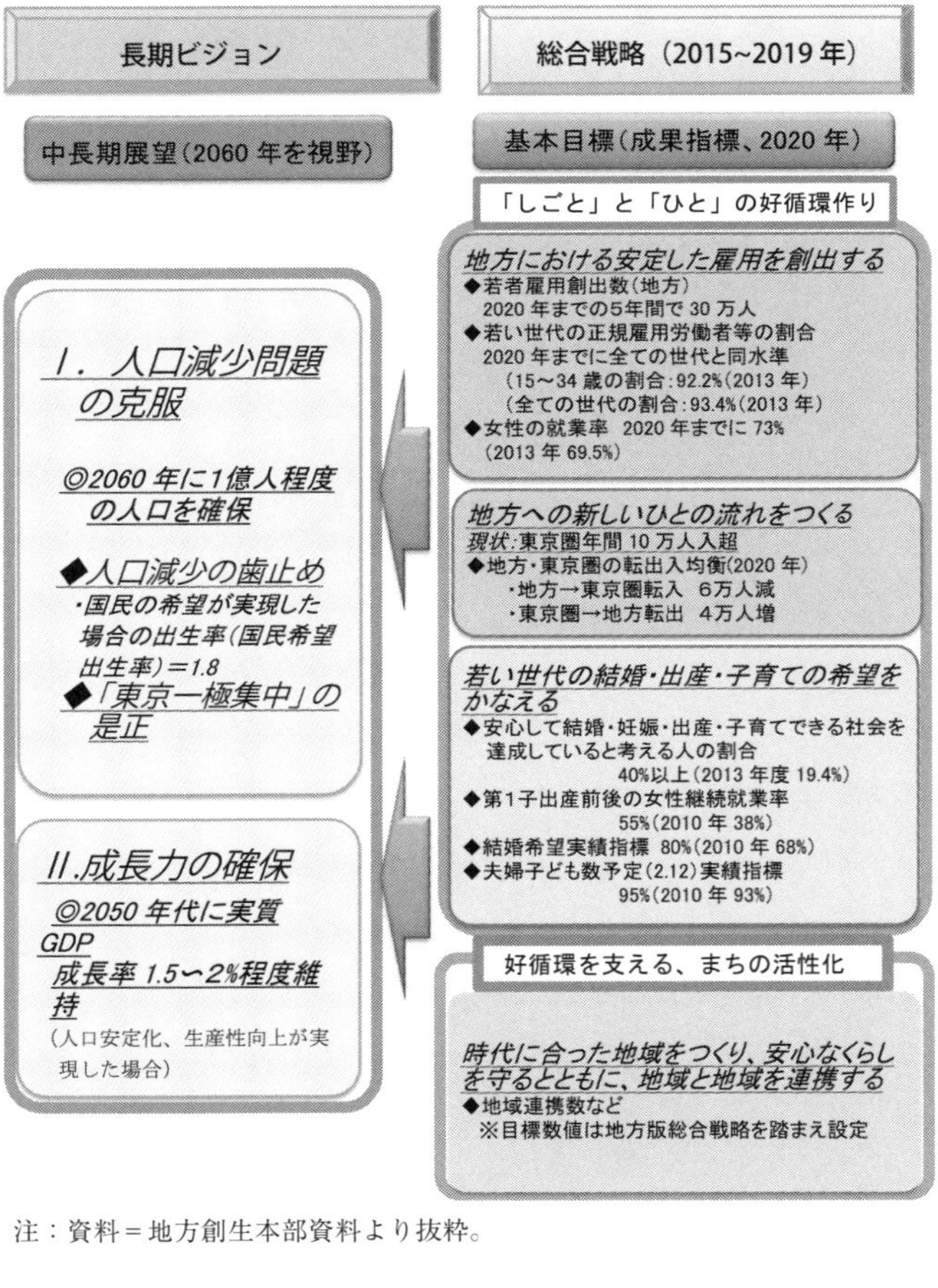

注：資料＝地方創生本部資料より抜粋。

という目標が付加されています。つまり、地方創生には、今までの、①少子化対策（人口減少の歯止め）、②地方対策（東京一極集中の是正）に加えて、③成長力の確保を含めて3つの目標が設定されたことになります。先に、①と②が必ずしも対応しないことを指摘しましたが、それに加えて③を加えることは、地方にとって重たすぎる目標となっていることが予想されます。

第2に、地方創生法での「まち」＝地域社会、「ひと」＝人材、「しごと」＝就業機会というそれぞれの位置づけが、必ずしも維持されていないことです。たとえば、「ひと」に相当する部分は、①「地方への新しい人の流れをつくる」、②「若い世代の結婚・出産・子育ての希望をかなえる」に分割されており、これが「地域社会を担う個性豊かで多様な人材の確保」を指しているとは思えません。「ひと」が人材ではなく、やはり人口に引き寄せられてしまっているのではないでしょうか。

この点の確認と全体の整理のために、**表2−1**を作成してみました。

この表では、まず「まち」、「ひと」、「しごと」について、地方創生法と総合戦略の記述を比較しています（左側）。それに加えて、前章で触れた「地域づくり」の体系化が行われている長野県飯田市の地域づくりの考え方（人材サイクル戦略）も重ね合わせています（右側）。こうしたことを試みたのは、実は、地域づくりの3要素として整理した「コミュニティ」、「人材」、「経済」は、そのまま地方創生の「まち（地域社会）」、「ひと（人材）」、「しごと（就業機会）」と重なると思われるからです。

確かに、こうして比較して見れば、（A）欄の地方創生法の3つの要素は、地域づくりの3要素

（C）欄）、そして飯田市で実践されている内容（（D）欄）とほぼ一致します。一見して突飛とも思われる、「まち・ひと・しごと」は、地域づくりの視点から見れば、適切な領域設定であることがわかります。

しかし、問題は総合戦略の（B）欄で、それと他の欄の内容やその意味合いとは、やはりギャップがあるように感じます。たとえば、「まち」については、平板な内容で、その本質である地域コミュニティという側面が十分にとらえきれていないように思います。また、（B）欄の「ひと」についての違和感は指摘した通りです。

表 2-1　地方創生と地域づくりの関係

	地方創生		地域づくり	
	（A）まち・ひと・しごと創生法	（B）まち・ひと・しごと総合戦略	（C）地域づくりの3要素	（D）<事例>飯田市・人材サイクル戦略
「まち」	国民一人一人が夢や希望を持ち、潤いのある豊かな生活を安心して営める地域社会の形成	地方で安心して暮らせるよう、中山間地域等、地方都市、大都市圏等の各地域の特性に即して課題を解決する。	コミュニティ	住み続けたいと感じる地域づくり（地域づくりの「憲法」ともいえる自治基本条例を策定し、地域活動の基本単位となっている公民館ごとに新たな自治組織を立ち上げ、その運営を市の職員が全面的にサポート）
「ひと」	地域社会を担う個性豊かで多様な人材の確保	・地方への新しい人の流れをつくるため、若者の地方での就労を促すとともに、地方への移住・定着を促進する。 ・安心して結婚・出産・子育てができるよう、切れ目ない支援を実現する。	人材	帰ってくる人材づくり（「飯田の資源を活かして、飯田の価値と独自性に自信と誇りを持つ人を育む力」を「地育力」として、家庭－学校－地域が連携する「体験」や「キャリア教育」を主軸とする教育活動を展開）
「しごと」	地域における魅力ある多様な就業の機会の創出	若い世代が安心して働ける「相応の賃金、安定した雇用形態、やりがいのあるしごと」という「雇用の質」を重視した取組が重要。	経済	帰ってこられる産業づくり（「外貨獲得・財貨循環」（地域外からの収入を拡大し、その地域外への流出を抑える）をスローガンに、地域経済活性化プログラムを実施）

注：「創生法」「総合戦略」はそれぞれの「概要」より引用。飯田市の事例は、小田切徳美『農山村再生』（岩波書店、2009年）より引用。

このように整理して見ると、地方創生法と農山村における地域づくりの実践には、かなりの近似的要素があり、むしろ国レベルの総合戦略が異質であることがわかります。地方創生のスタートラインにおける、この乖離が現場レベルでどのように影響しているのかが気になるところです。

逆に言えば、むしろ農山村における地域づくりの実践（コミュニティ、人材、経済の3要素の一体的振興）の到達点を明確化してその課題を析出することは、地方創生の真の前進のためにも重要であることがわかります。

2　地方創生の仕組みと地域づくり

本章の最後に、先に触れた「自治体の総合戦略づくりと国から地方自治体への交付金配分をセット化する」という手法から生じる問題点も指摘したいと思います。

この手法のため、一部の自治体の首長や職員は、「できるだけ早く、できるだけ国に気に入られるものを作り、できるだけ多くの金を獲得する」手段として、総合戦略を意識してしまっています。そこでは、①総合戦略づくりの時間が制約されている、②中央政府がその価値観で（総合戦略に位置づけられる）交付金事業を審査する、という仕組みが問題となっている可能性があります。それぞれ見ていきましょう。

まず、①のために、地域からのボトムアップによる総合戦略づくりが回避される傾向があります。事実、時間がかかる地域コミュニティ・レベルからの積み上げ型の計画策定というプロセスは、ごく一部の自治体で実践されたに過ぎません(2)。中には、住民参加の仕組みづくりに熱心だった地域でも、「今回はその時間がない」とせっかくの仕組みを動かさないところも見られます。

そして、②のために、むしろ国のマニュアルなどに準拠しているか否かという総合戦略の形式が、自治体サイドからも重視されてしまっています。その結果、この間、地方自治体の地方創生担当者の目は、住民ではなく、むしろ霞ヶ関の動きに注がれています。どうしたら、交付金を獲得できるのか、その情報を得ようとしたためです。

このようにして、いつのまにか自治体の国への従属的な意識が強まっているように感じられます。1990年代中頃からの第1次地方分権改革以降、困難な中で紆余曲折はありながらも進んでいた地方分権は、意識の上で後退し、忘れ去られてしまっているようです。地方創生にとって、地方分権は前提的な条件でもあり、地方創生を原因として、このまま後退してしまうとすれば、それは本末転倒に他なりません。

先に、「地方消滅論」により、地方の一部の住民には諦めが生じていると指摘しました。さらに、ここで見たように地方創生により、自治体の国への依存が生じているとも言えます。実は、この諦めと依存はコインの裏表です。一般に、人々は諦めるから依存し、依存するから諦めるのではないでしょうか。つまり、住民レベル、自治体レベルで、同じ問題が進行している可能性は否定できません。

このような状況は、内発的な地域づくりの対極にあるものです。現在の地方創生の持つ問題点に意識的に対応しなければ、いままで積み上げてきた農山村の地域づくりさえも後退することになるでしょう。そこで、この地域づくりと地方創生をどのようにつなぎ直していけばよいのか、本書の第3章以降で、まち（コミュニティ）、しごと（経済）、ひと（人材）、それぞれについて、詳細に検討したいと思います。

注

(1)溝口洋「まち・ひと・しごと創生の経過と今後の展開」『アカデミア』113巻、2015年。筆者の溝口氏は当時、地方創生本部の参事官だった。

(2)その数少ない自治体に北海道ニセコ町がある。そこでは、時間をかけ、中学生や高校生までを巻き込んだ積み上げ型の会議を重ね、地方版総合戦略を策定した。町長の片山健也氏は次のように発言する。「もちろん1000万円の交付金〔総合戦略を早期に提出すれば得られる可能性がある交付金――引用者注〕はのどから手が出るほどほしい。（中略）実際、1000万円のために端折って計画を出すこともできる。だけどそれはまちづくり基本条例や、これまでのニセコの歴史、自治体としての矜持としてやるべきではないことであり、それを議会のみなさんにも理解してもらった」、「（インタビュー）民主主義は納得のプロセス」『ガバナンス』2016年11月号。

第3章　新しいコミュニティづくり――農山村再生と「まち」

（1）新しいコミュニティの実態――地域運営組織

1　地方創生と新しいコミュニティ

第2章で論じたように、2014年の年末に策定され、国レベルの地方創生の基本方針を定めた「地方創生総合戦略」（以下、総合戦略）では、特に「まち」（地域コミュニティ）に関わる部分の位置づけは、必ずしも十分なものではありませんでした。

しかし、2015年6月に閣議決定された「地方創生基本方針2015」（以下、基本方針）では、大きな変化が見られます。この「基本方針」とは「総合戦略」の具体的な政策化の方向性を示したものですが、そこでは、特に農山村の地域コミュニティへの対応の必要性を明確化しています。

より詳細を見ていきましょう。「基本方針」では、農山村を対象とした「小さな拠点の形成（集落生活圏の維持）」という項目において、「①地域住民が自ら主体的に地域維持のための取組に参画すること、

②持続可能な取組とするためには、域内サービス提供の事業と同時に域外からの収入確保のための事業を併せて行うこと、③事業を実施するうえで、地域住民、事業経営体などの参画・能力の活用に加え、UIJターンなど外部人材の導入や専門人材等によるサポートが求められる」と指摘しています。これは、農山村におけるコミュニティ・レベルにおける「まち」、「しごと」、「ひと」のあり方を的確に論じたものと言えます。

そのうえで、まち（コミュニティ）にかかわり、「持続可能な地域づくりのために、『地域デザイン』に基づき、地域住民自らが主体となり、役割分担を明確にしながら、生活サービスの提供や域外からの収入確保などの地域課題の解決に向けた事業等について、多機能型の取組みを持続的に行うための組織（地域運営組織）を形成することが重要である」と一層踏み込んだ政策の方向を示しています(1)。

国レベルにおける認識のこのような大幅な前進は、そうした現実が急速に各地で生まれていることを背景としていると思われます。特に、「多機能型の取組みを持続的に行うための組織」と表現されている地域運営組織の活動の活発化は顕著です。その典型事例として著名なのは島根県雲南市でしょう。

そこで、雲南市における地域運営組織の取組みをやや詳しく紹介しましょう。ここでは、２００４年の６町村の合併による雲南市の誕生を契機として、住民主体のまちづくりが進められました。その際、想定された住民組織（「地域自主組織」と呼ばれています）はあくまでも住民発意での組織化、しかも従来の集落を越えるような広域での住民自治の仕組みづくりを目指したことから、ある程度時間がかかり、最終的に市内全域でこうした組織ができあがったのは２００７年でした（市内44組織）。その後、市としての制度的な位置づけをするため、２００８年に「まちづくり基本条例」を制定し、さらに２０１０年には公民館を交流センターに移行、このセンターの運営を市が地域自主組織に委託し、自主組織の活動の拠点として位置づけました。もともと、同市における社会教育法上の公民館活動は活発であり、公民館活動のエネルギーがこのような制度的整備により、地域自主組織に糾合されたと言えます。その後、組織運営の試行錯誤の中で組織の分離や統合などが行われ、２０１５年には最終的に30組織となり、今に至っています。

地域自主組織の規模は、世帯数で最小約60世帯、最大約１９００世帯、また人口では約２００人～６０００人という大きな幅があり、組織ごとの活動の量や質には濃淡があります。しかし、それでも共通しているのは、地域の課題を自ら解決するための場として住民がこの組織を位置づけようとする傾向が着実に強まっていることです。

雲南市では、こうした現場レベルの活動の活発化を背景として、そこでの制度的課題を積極的に各方面に提言しています。その動きは、同市のみにとどまらない全国規模での「全国小規模多機能自治全国ネットワーク」の組織化に発展し（同市を含む4市が主導）、すでに２００を超える地方自治体がメンバーとなり、情報交換や政策提言が行われています。先に見た国の「基本方針」で、農山村において新しいコミュニティの設立が特に重視されたのは、実はこの動きと無関係ではないと推察されます。

2　地域運営組織の実態――総務省アンケート調査より

雲南市で活動するこのような組織は、すでに見たように、地方創生の動きの中では、「地域運営組織」と呼ばれています。それは、「地域の生活や暮らしを守るため、地域で暮らす人々が中心となって形成され、地域内の解決に向けた取組みを持続的に実践する組織」（総務省）と定義されています。この定義による、都市を含めた全国的なアンケート調査が、総務省により行われており（以下、総務省調査）、その結果の概況をここで紹介してみましょう（2016年調査実施、有効回答市区町村1718＝回収率99％）。

まず、設立概況を見ると、全国で3071組織が現存しており、それを市区町村単位で見れば、全国の35％の市区町村で設立されていることになります（609市区町村）。しかし、その市区町村単位でも設立状況には地域ごとに差があり、中国（61％）で突出して高くなっています。逆に北海道では25％と相対的に設立が進んでいません。

中国地方での設立割合の高さは、過疎化・高齢化の進行、それとも関連する平成の市町村合併の激しい進行の下で、住民自治の拠点として新しいコミュニティの設立支援が多くの自治体の基本政策として位置づけられていることを反映しています。先の雲南市の取組みも、まさにそのようなものでした。

その実態をイメージするために、設立範域を見てみましょう。この総務省調査の結果では、40％の組織で小学校区と一致（「小学校区とおおむね一致する」33％＋「中学校区及び小学校区とおおむね一致する」7%）していることも明らかにされています。また、「旧小学校区とおおむね一致する」12%、「小学校区（または旧小学校区）より狭い」組織も16%あります。つまり、合計約7割の組織が現在の小学校区またはそれよりも狭域の範囲で設立されていることがわかります。第6章で詳しく見るように小中学校の統合は最近急速に進んでいますが、小学校区は住民にとって身近なものであり、このような範域が選択されていることがわかります。

そして、その組織に活動の拠点施設があるのは全体の90%と大多数を占め、また専任事務スタッフがいるのが51%という状況です。「場所」の確保と比較すると「ひと」を確保している割合は低くなりますが、それでも過半で専従職員がいることは組織の安定性のために評価できるように思います。

そして、その設立目的を問えば（複数回答）、「身近な生活課題を地域住民自らが解決する活動を活発にするため」が77%を占め、「自治会・町内会の活動を補完し、地域の活性化を図るため」（44%）、「地域の多様な意見を集約し、行政に反映させるため」（23%）という町内会や行政の補完的な組織であるという回答を上回っています。文字通り、住民が地域を運営しようとする組織と言えそうです。

さらに、この調査から、地域運営組織の活動内容を調べてみましょう。それを見たのが**表3−1**になりますが、取り組まれている事業は、その割合（組織が取り組んでいる割合）が高い順に、「高齢者交流サービス」、「声かけ、見守りサービス」、「体験交流事業」で、いずれも30%を超えています。必ずしも、地域の高齢化に対応する「守り」の活動だけではなく、「体験交流事業」という、いわば「攻め」

の活動も比較的活発に取り組まれているのです。また、そこには、当然のことながら、地域性が見られます。過疎地域—非過疎地域という区分で見れば、過疎地域では、「体験交流事業」、「公的施設の維持・管理」、「名産品・特産品の加工・販売」、「空き家や里山などの維持・管理」、「買い物支援」の相対的な大きさに特徴があります。それぞれ、農山漁村における特徴的な取組みと言えるでしょう。それに対して、非過疎地域では「公的施設の維持・管理」の割合が相対的に低いのが目立ちます。地域運営組織が施設の指定管理を担う割合が少ないのでしょう。しかし、「高齢者交流サービス」は過疎地

表 3-1　地域運営組織の活動内容（全国）

		合計	過疎地域	非過疎地域
活動実施割合（%）	高齢者交流サービス	45.7	41.5	**48.5**
	声かけ、見守りサービス	37.4	37.0	36.2
	体験交流事業	31.6	**34.1**	27.7
	公的施設の維持・管理（指定管理など）	23.5	**30.6**	19.3
	名産品・特産品の加工・販売（直売所の設置・運営など）	11.4	**18.6**	8.5
	弁当配達・給配食サービス	8.3	7.8	8.7
	家事支援（清掃や庭木の剪定など）	7.9	6.6	9.8
	空き家や里山などの維持・管理	7.5	9.6	6.7
	コミュニティバスの運行、その他外出支援サービス	7.4	7.6	7.1
	保育サービス・一時預かり	6.4	5.1	7.0
	買い物支援（配達、地域商店の運営、移動販売など）	6.3	**8.7**	5.7
	送迎サービス（学校、病院、その他高齢者福祉施設など）	5.5	3.6	6.4
	雪かき・雪下ろし	4.3	5.6	2.8
	市町村役場の窓口代行	3.8	4.4	2.7
	その他	30.2	**26.4**	27.7
総組織数（団体）		3,071	768	1,500
1組織当たり活動数		2.4	2.5	2.2

注：1）資料＝総務省「暮らしを支える地域運営組織に関するアンケート結果」（同省『暮らしを支える地域運営組織に関する調査研究事業報告書』（2017 年）に記載された数値より算出。アンケートは 2016 年 10〜11 月に実施。対象は全市区町村＝1,718 市区町村＝回収率 99％）

2）「地域指定別」に「過疎地域」「非過疎地域」の他に「一部過疎」「みなし過疎」があるが、それらの表示は省略した。

3）「合計」を２ポイント以上上回る場合にゴチックとした。

域以上に、「声かけ、見守りサービス」は過疎地域と同程度に行われており、非過疎地域での組織の対応が特に高齢者を意識したものであることがわかります。

そして、この表の最下欄には、「1組織当たり活動数」を算出しています。資料の制約上、「その他」も1事業としてカウントしており、目安のような数字と言えますが、全体で2・4事業という多角化が見られます。少なくとも、地域運営組織は単一の専門的な事業を行う組織ではないことが確認できます。さらに、地域別には、過疎地域では2・5事業と非過疎地域の2・2事業を上回ります。

つまり、地域運営組織では、広範囲な業務が、多角的に実施されているのです。さらに事業の内容やその組み合わせには大きな地域差が見られます。それぞれの地域課題に対応している組織の姿がそこにあるのでしょう。

なお、同じアンケートによれば、現在は地域運営組織がない市区町村（全体の65％、1109市区町村）のうち、88％の地域がそれを必要（「今すぐ必要と感じる地域がある」3％、「今後必要と感じる」85％）と回答しています。つまり、多くの市町村ではこのような組織の必要性がありつつも、設置に至っていないのが実態です。

（2）地域運営組織の新たな特徴

1 地域運営組織の特徴

こうした地域運営組織は、先にも触れたように平成の大合併の際にも急速に生まれていました。それは「地域住民が、『自らの問題だ』という当事者意識をもって、地域で直面する課題を、地域の仲間とともに手づくりで自らの未来を切り拓くという積極的な対応」[2]と言え、そのことから「手づくり自治区」と位置づけられます。そして、このような組織には、「総合性」、「二面性」、「補完性」、「革新性」という4つの共通する特徴があります。

第1の「総合性」は、直前のアンケート調査結果でも見られたように、福祉、産業振興、施設管理に及ぶ総合性を発揮している点を表しています。こうした地域運営組織は、平成の市町村合併の頃には「小さな役場」（づくり）などと言われましたが、確かに役場のような総合性が特徴です。そして、そのことの別表現でもありますが、この組織が住民の自治組織であると同時に、経済的活動を行う経済組織でもあるという「二面性」を持っている点も注目され、これが第2の特徴です。たとえば、アンケート調査でも多く取り組まれていることがわかった「体験交流事業」は、自治組織としてのイベント的色彩と同時に経済活動のチャンスでもあります。また、過疎地域の組織で総体的に多く取り組まれていた「名産品・特産品の加工・販売」（先の**表3―1**を参照）も典型的な経済活動でしょう。

第3の「補完性」は地域運営組織と集落の関係を表現しています。地域運営組織は、集落よりも広域であるものがほとんどです。そのような大小関係から、小さな集落が脆弱化して動けないからそれに代わる広域組織であるという議論がしばしば見られます。しかし、道普請や水路掃除のいわゆる地域資源管理と言われる集落独自の機能を地域運営組織が全面的に代替する事例は見当たりません。むしろ、集落のそのような機能を「守りの自治」とすれば、この組織は、経済的活動のように、より積極的な「攻めの自治」を担うという、分担関係が意識されているケースが少なくありません。代替的な組織ではないという意味で、この「補完性」が強調されるべきように思います。

そして、このことから第4に、地域運営組織では、集落とは異なるあり方が模索され、それが組織運営の「革新性」（この場合の「革新」は「イノベーティブ」という意味）として発現する様子が確認されます。特に、どの地域においても、集落の弱点として意識されている地域内の女性や若者の登用は、先発的な組織では意図的に進められています。そのため、町内会や集落では珍しい女性の役員が地域運営組織ではしばしば見られます。また、集落や町内会のような「1戸1票制」（各世帯の代表が寄合に参加して意志決定する仕組み――その世帯代表の多くが男性であるために女性や若者の意志決定や活動への参加を結果的に排除されていることが少なくありません）の世帯主義ではなく、「1人1票制」を意識するところもあります。実はこのことは、会費の徴収やメンバーリスト（個人単位のリスト）の作成という点でかなりの難しさが伴うことでもあります。しかし、本章の冒頭で紹介した雲南市でも、市による自治組織の運営サポートに当たっては、「1人1票制」の必要性が市により強く発信され、実際に市内の最も小さな自治組織では、地域内の住民1人ひとり、しかも中学生以上の全員が会員となる革新的な仕組みが導入されています。

2　組織的多様性――「地域運営ネットワーク」の登場

このような地域運営組織の4つの特徴は以前から指摘されていたものであり(3)、いまでもそのまま当てはまります。しかし、その後の一部の地域運営組織の成熟化により、付け加えるべき新たな性格も生まれています。それを「組織的多様性」と呼んでみたいと思います。

先に、その活動の多角性については見ました。当然、それは多角的な事業の組み合わせの結果であり、他面では事業面での多様性を表現しています。しかし、最近になるほど、その形態自体も多様になっています。従来の標準的な形は、組織の総会や理事会を協議・意志決定機関として、現実の活動は「福祉部会」、「交通部会」、「社会教育部会」などの部会が担当していました。

しかし、最近では、こうした部会がＮＰＯ法人や株式会社などの形で法人化して、地域運営組織から外に出て行く、いわばスピンアウトする動きが見られます。時には、設立時に最初から部会が法人化されるケースや、むしろ先に活動的な法人があり、他の組織を含めて包含するような地域運営組織が後からできる事例もあります。

図3-1　地域運営組織の「一体型」と「分離型」

■ 一体型のイメージ

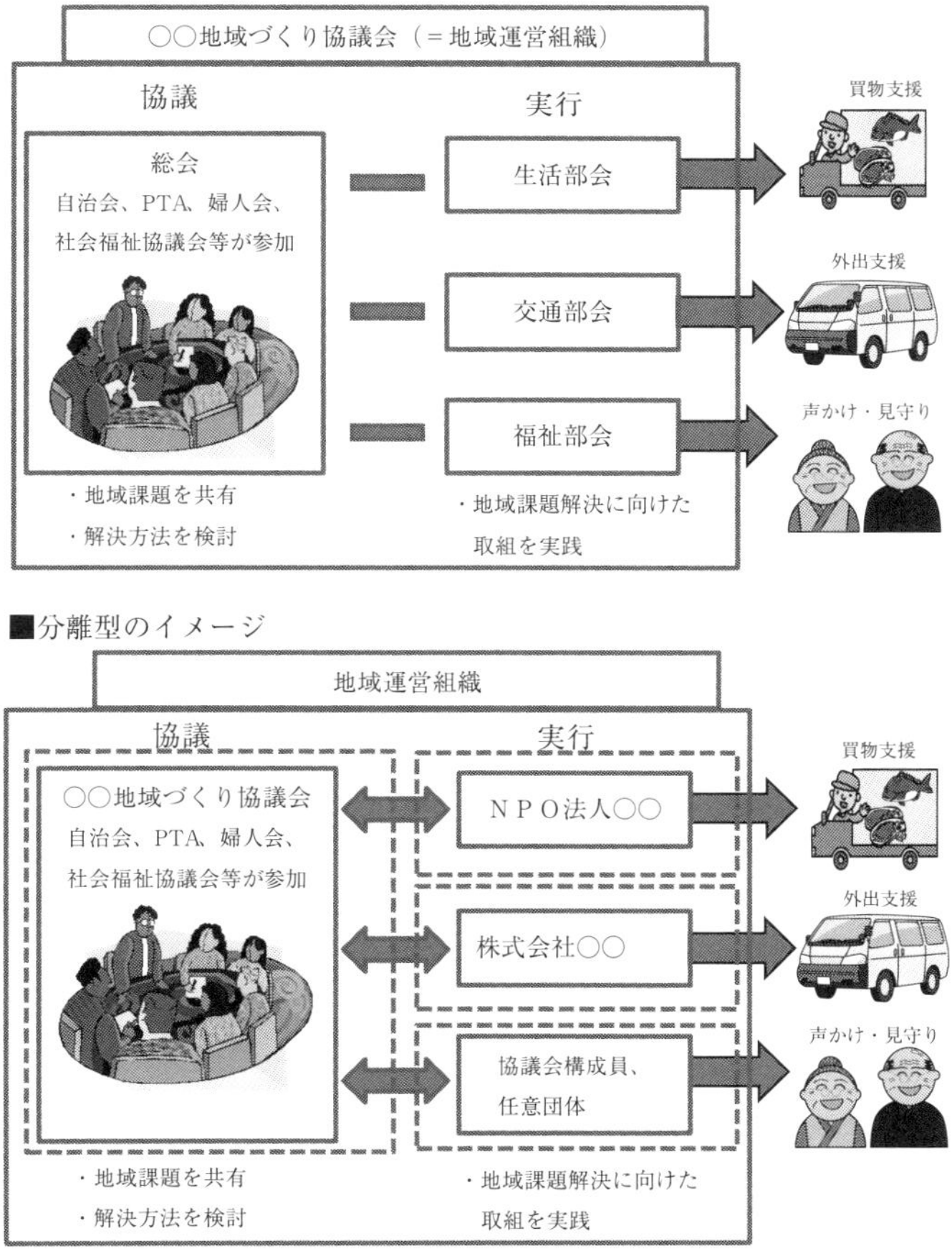

注：資料＝総務省「暮らしを支える地域運営組織に関する 調査報告書」（2016年）より引用。

そうしたものを、**図3―1**にあるように、「分離型」と呼んでいます。この場合、図中の「○○地域づくり協議会」と各法人とは特別な提携や契約関係があるわけではなく、むしろ役員が兼任する形で人的につながっているのが一般的です。それにより、実質的に「協議会」が法人などの「親組織」（または「アンブレラ組織」）の機能を果たしています。したがって、この「協議会」だけをみれば、この組織は経済活動を行っていないことになりますが、現実にはスピンアウトされた法人を含めた全体を、地域運営組織と把握するべきでしょう。

このような事例として、岡山県津山市阿波地区の取組みがあります。その詳細は別著で紹介していますが[4]、津山市に2005年に編入合併された旧阿波村のケースです。ここは合併後に人口減少が加速化した地域で、それにより、いくつかの施設（保育園、小学校等）が閉鎖に追い込まれました。それでも住民は、「このあば村の自然と活きづく暮らしを多くの方々と共有し、守り続けていくこと、そして子どもたち孫たちにこの村での暮らしや風景を受け継いでいくことを決意し、宣言いたします」（2014年「あば宣言」）と立ち上がりました。そこで住民組織としてつくられたのが、あば村運営協議会ですが、ここには、一般財団法人（あばグリーン公社）、NPO（エコビレッジあば）、合同会社（合同会社あば村）、そして町内会組織（連合町内会阿波支部）のそれぞれが協議会の各部会の主担当組織として位置づけられています。つまり、協議会に加えて、4つの組織（うち法人は3）を含めた全体が地域運営組織と言えます（**図3―2**）。しかし、それは「組織」というよりも「地域運営ネットワーク」

図 3-2　あば村運営協議会の組織図（岡山県津山市）

あば村運営協議会

〈部署名〉	〈事業内容〉	〈主担当〉	〈構成メンバー・団体〉
総務部	・総務・人事、防災・防犯 ・全地域的な催しの実施（実行委員会を組織） ・子どもの居場所づくり	連合町内会阿波支部	・連合町内会阿波支部 ・同上女性部 ・子ども会・老人クラブ・他 ・津山市阿波支部（オブザーバー）
環境福祉部	・環境率先行動（環境学習、ごみ減量・資源化） ・有機無農薬農法の実践・拡大 ・支えあい：過疎地有償運送、除雪支援など	NPO エコビレッジあば	・NPO エコビレッジあば ・社協阿波保健福祉センター ・シルバー人材センター ・あばボランティアの会 ・あば消費者の会
農林事業部	・農地の保全、集約化 ・農産加工品の製造、販売 ・有機無農薬農法の実践、拡大 ・森林資源の活用	あばグリーン公社	・あばグリーン公社 ・各加工グループ ・合同会社あば村 ・津山市新産業創出課 ・農業振興課（オブザーバー）
エネルギー事業部	・JA 跡地の活用：GS 運営、購買 ・木の駅事業 ・再生可能エネルギーの導入 ・お試し住宅の管理	合同会社あば村	・合同会社あば村 ・あばグリーン公社 ・津山市森林課（オブザーバー）
交流発信部	・グリーンツーリズム事業の展開 ・各種イベントの開催 ・あば村宣言等の普及	あばグリーン公社（温泉・交流館）	・あばグリーン公社 ・あばファンクラブ ・あば観光会

注：資料＝あば村運営協議会資料より引用。

と把握した方がよいように思います。

このあば村の事例は、すべての部会に別組織が位置づいており、わかりやすい例と言えますが、部会の一部が法人化しているケースはごく普通に見られます。また、外に出た法人(5)が、業務を進めていく中で、地域外の仕事を含めて担当するケースも見られます。こうした場合には、母体の地域運営組織と広域に活動する法人の関係が必ずしもわかり易いものではありません。

このように、地域運営組織には「地域運営ネットワーク」を含めて、実にいろいろなバリエーションが生まれています。かつてのように「一体型」が標準であった状況とは異なり、いまや地域運営組織の一般型が語りづらい状況です。こうした意味で「組織的多様性」を地域運営組織のもう1つの新しい特徴として押さえておきたいと思います。

（3）政策対応の実際——高知県の挑戦

1　自治体による支援策——高知県集落活動センター構想

従来は、こうした地域運営組織は長い年月をかけて熟度を高めていました。例えば、先発的な地域運営組織として、つとに有名な広島県安芸高田市の川根振興協議会は、1972年に発足し、「安全に暮らす」ことを目的とする防災組織、「楽しく暮らす」ためのイベント組織、さらに高齢者が「安心して暮らす」ための地域福祉組織（ふれあい会食や地域内でのサテライト型デイケアのサポート）、そして「豊かに暮らす」ことを目的とした経済組織（日用品店舗やガソリンスタンドの経営）という諸機能を徐々に積み重ねて現在に至っています。つまり、40年以上かけて、機能を高度化させていました(6)。

しかしながら、現在では、こうした取組みが「先発事例」となり、その試行錯誤の挑戦も教訓化され、それに基づく政策的サポートも各地で行われています。そのため、それほどの時間をかけずに機能を高度化するケースも見られます。

逆に言えば、行政や中間支援組織からの的確なサポートが地域運営組織の設立や持続的運営に重要な意味を持つことになります。そのような支援として成果を上げているのは、高知県の「集落活動センター構想」に基づく支援体系とその実践です。この取組みは地域運営組織への支援のあり方として、いくつかの重要なポイントを私たちに教えてくれています。

まず、２０１２年からスタートしたこの構想の概要を紹介してみましょう。ここで「集落活動センター」とは、「地域住民が主体となって、地域外からの人材も受け入れながら、旧小学校や集会所などを拠点に、それぞれの地域の課題やニーズに応じて、生活、福祉、産業、防災といったさまざまな活動に総合的に取り組む仕組み」（高知県ＨＰより）と定義されています。この表現からわかるように、この活動は地域運営組織そのものであり、開始時期から見て、その構想は国レベルに先行し、むしろ先導する役割を果たしているものと言えます。

これは、高知県の中山間地域が、過疎化・高齢化において全国的にも先行しているという客観的条件もありますが、そうした状況を市町村と連携しつつも、県が主導して課題に対応するという確固たる方針が県サイドにある点も見逃せません。そのため、県庁内では、知事を本部長とする中山間総合対策本部を設置し（２０１２年——同本部は１９９５年よりスタートしているが、その時の本部長は副知事）、対策に関連する重要事項を検討し部局横断的に推進しています。さらに、より基礎的な対応として、定期的（５年ごと）に集落に関わる定量的把握を行い、常に集落レベルの実態認識を深め、関係者（機関）でそれを共有化している点も重要な取組みだと思います。

集落活動センター構想に対する高知県の具体的な支援は、**図３―３**のようになっています。特に資金面では、特別の補助金が準備されており、その対象が複数年（３年間）で、使途の自由度が高く、またその金額も決して少なくないことなども注目されます（図中の（１））。

しかも、この支援は、いわゆる「パッケージ支援」として、特に人的支援も充実しています。地域おこし協力隊や県の地域支援企画員（地域づくり支援のために地域に派遣される県職員）がこの仕組みに関わっています。さらに、県庁では、直接担当する中山間地域対策課のみならず、農業振興部、林業振興・環境部や出先機関を含めた横断的な市町村別の支援チームを作りサポートしています。つまり、人的サポート面でも二重三重の対応が準備されていると言えます。

図 3-3　高知県の「集落活動センター」の取り組みの支援策（2017 年度）

（1）資金面での支援

●集落活動センター推進事業費補助金（2017 年度予算 2 億 2,312 万円）
【補助内容】①集落活動センターの取り組みに必要な経費（ハード・ソフト）への支援
②センターの設置や運営に関わる活動従事者の人件費を含む活動経費への支援
③集落活動センターが取り組む経済活動の新たな展開や事業の拡大に必要な経費（ハード・ソフト）を支援
④集落活動センター連絡協議会が実施する事業（総会・役員会・研修会の開催等）に要する経費を支援
【補助事業者】①〜③市町村、④集落活動センター連絡協議会
【補助率】①、②市町村事業費の 1/2 以内
③市町村事業費の 1/2 以内（事業実施主体の義務的負担を要する）
④定額
【事業実施主体】①市町村及び集落組織、地域団体、NPO 等、②市町村
③集落活動センター運営組織及びその構成員、④集落活動センター連絡協議会
【補助上限額】①3,000 万円 /1 箇所（3 年間）②125 万円 /1 人
③500 万円 /1 箇所（年度）④100 万円 / 1 年
【補助期間】①、③最長 3 年間　②最長 4 年間　④ 1 年ごと

（2）アドバイザーの派遣

●集落活動センターの立ち上げや運営等について、総合的に助言を行う県のアドバイザー等を地域に派遣（集落活動センター推進アドバイザー：中山間対策にかかわる専門家等 6 名を委嘱）

（3）研修会等の開催

●予定地区の住民や市町村職員を対象にした研修会や交流会等の開催

（4）支援チームによる支援

●集落活動センター支援チームによる支援【市町村別支援チームを編成し、全庁を挙げた支援を展開】
・センター実施地区の活動の充実、強化や、準備地区の円滑な立ち上げに向けた支援

（5）情報提供による支援

●集落活動センターの普及、拡大に向けた総合的な情報の提供
→集落活動センター連絡協議会の活動支援、集落活動センターのポータルサイトの運用
パンフレットや集落活動センター探索マップの作成・配布、集落活動センターの取組み実践者等の取材広報など

注：資料＝高知県資料より引用。

2　集落活動センターの実態と成果――四万十市大宮地区

このようにして設立された集落活動センターは現在（２０１７年９月）、41組織に及びます。その概況を示したのが、**表３―２**です。その規模を集落数で見れば、１集落から40集落と幅があります。また、地区内人口も14人から３８４６人まで実に大きな差異があります。集落数や人口が多い地域では、自治体（町村）の全域が１つの集落活動センターとなっているケースもあります（４つのセンターが該当）。しかし、平均値を見れば、集落数で９・６、人口で７５０人であり、大雑把に言えば、やはり小学校区（または旧小学校区）単位のものであることがわかります。

また、取組み事業としては、１センター平均で７・１事業とかなり多角的な事業運営が行われていることもわかります。先の総務省による地域運営組織のアンケートとは事業の区分も異なり、直接比較することはできませんが、おそらくその多角化の状況は高知県の集落活動センターが全国平均を上回るのではないでしょうか。

取組みが多い事業として、「観光交流・定住サポート」、「特産品づくり・販売」、「農林水産物の生産・販売」があります。これらは、いずれも経済的活動を伴うものであり、そのような事業が先行していると言えます。しかし、「安全・安心サポート」（高齢者の見守り活動の実施、デイ等の福祉サービスの実施等）、「集落活動サポート」（農地・山林・家屋の共同管理、草刈の共同作業サポート、葬祭事業等）、「生活支援サービス」（食料品等の店舗の充実、宅配サービスの充実、移動販売の実施、買い物支援）も半数以上のセンターで実施されています。経済面と生活面の取組みが地域実態に応じて組み合わせを変えて実施されているのでしょう。

集落活動センターの具体的な事例を見ましょう。四万十市旧西土佐村の大宮地区で設立された「集落活動センターみやの里」は3集落（１１８世帯、人口２６７人）を範囲とする組織です。この地域でも、やはり人口減少を背景として、保育所、小学校の廃校が相次ぎましたが、決定的な事態として、２００５年にＪＡ支所が撤退してしまいました。住民は廃止の反対署名などを試みましたが、それもかなわず、撤退の後、ＪＡの購買店舗とガソリンスタンド事業の住民による継承に挑戦しました。それが、「大宮産業」であり、住民出資の株式会社として、各方面で話題になっています。この会社では、ＪＡが以前から行っていた日常品

表3-2　高知県集落活動センターの概況（2017年９月現在、41組織）

1　集落数（集落）		
最小	最大	平均
1	40	9.6

2　人口（人）		
最小	最大	平均
14	3,846	749.6

3　取組事業（取り組み組織数・41組織中）			
観光交流・定住サポート	37	防災活動	25
安心・安全サポート	36	健康づくり活動	25
特産品づくり・販売	36	鳥獣被害対策	18
生活支援サービス	35	エネルギーの活用	7
農林水産物の生産・販売	31	その他の活動	17
集落活動サポート	26		
1組織当たり平均事業数			7.1

資料：高知県・集落活動センターに関わる資料より算出。

販売やガソリンスタンドのみならず、住民の声を受けての宅配サービスやイベント（感謝祭や土曜夜市）そして、「大宮米」の学校給食や公立病院への供給などにも新たに取り組んでいます。

しかし、地域の課題解決をこの法人のみで担っていくには課題がありました。そこで、構想されたのが、県が推進していた集落活動センターでした。つまり、前節では、地域運営組織が成熟するにしたがって、特定の活動を行う法人をスピンアウトすることがあると指摘しましたが、ここではむしろ逆に、先行して作られた住民出資の会社を再び、地域全体の中に位置づけるために、地域運営組織である大宮地域振興協議会（集落活動センターの運営主体）に「埋め込んだ」ケースと言えるでしょう。そして、この振興協議会では、「体験交流部会」、「加工販売部会」、「農林部会」、「環境部会」、「生活福祉部会」、「若者部会」の６部会（若者部会は設立後追加）が、メンバーを集めて活動しています。大宮産業は、これらの部会と連携する形で従来以上に機動的に活動していると言えます。

部会の名称からもわかるように、活動は広範囲に及びますが、特に注目されるのは、生活福祉部会です。ここでは葬祭事業に対応しはじめました（２０１７年9月までに2件対応）。いまでは、全国どこの農山村でも、近隣の都市部にある葬祭センターでの葬儀が一般化していますが、その立地場所は農山村からは地区外となってしまいます（大宮地区は県境にあるため、隣県・愛媛県宇和島市）。それは、遺族や弔問者（特に高齢者）にとって不便なだけではなく、葬祭の飲食を含めた資金の地域外への流出につながります。そうした問題意識から、葬祭の備品などが準備され、コミュニティ・センターでの式典が行われるようになりました。それは、地区の高齢者から高く評価されており、「いままで親しい人が亡くなっても遠すぎてお葬式にも参列できなかったので、本当にありがたい」という声が大宮産業に寄せられています。

この集落活動センターが設置される過程を調べると、住民の意見の把握、地域の課題発掘や整理などが実に丁寧に行われていることがわかります。集落活動センターについて、大宮産業の役員をはじめとする地域のリーダーが協議を始めたのは２０１１年11月ですが、センターの開所まで1年半をかけています。特に、２０１２年の夏には約2ヶ月間にわたり、８回の住民によるワークショップが行われました。地区内の３つの集落の集落単位や、「高齢者」、「婦人」、「若者」等の区分別の集まりで、「困っていること」、「自慢できること」、「将来こうだったらいい、こうしたい」というテーマを設け、ワークショップが行われたのです。その際、県の地域支援企画員や地域おこし協力隊がサポート役として活躍しています。

このようなプロセスは、高知県内の集落活動センターの設立過程では普通に見られることです。こうした丁寧な住民の合意形成過程を標準化したことも、県が推進役となった「強み」の1つと言えます。

（4）地域運営組織をめぐる課題――行政の役割を中心に

地域運営組織の設立は、市町村レベルはもちろん、前節に見た高知県のような都道府県による対応や国レベルの支援措置もあり、さらに設立が進むことが予想されます。しかし、このように設立を推進しようとする行政との関係には、いくつかの課題があります。行政から見て、①設立支援の企画段階、②設立支援段階、③持続的運営支援段階というプロセスの中で、それぞれの段階での代表的な問題と対応策を論じておきたいと思います。

①企画段階――行政改革的発想からの脱却

すでに述べているように地域運営組織の本質は、地域住民による「手づくり自治区」であることだと言えます。しかし、行政がその設立を推進する時には、行政が自らの仕事を地域に押しつけるような発想になりがちです。つまり、行政コストの削減のために行政改革の論理が、いつのまにか地域運営組織づくりと重なりあってしまうのです。それは結果的には、地域運営組織を行政の下請けとする考え方となり、本来の設立目的とはむしろ対極にあると言えます。

その結果、住民には「本来行政がやるべきことを肩代わりさせられる」という「やらされ感」やそれに対する不信感が蔓延し、設立自体が進まないという状況を生み出すことになります。

そうならないためにも、企画段階で、地域運営組織の設立のあるべき意義を、行政内できちんと共有化することが必要です。それを考える素材として、**図3－4**を作成しました。単純な図ではありますが、行政と住民がそれぞれ担う公共領域の大きさを縦軸として、その時間の経過による変化を横軸として図示しています。①は懸念される「行政改革型」のもので、従来の行政の仕事を肩代わり・下請けする状況を示しています。当然、それは住民サイドから見て問題であると同時に、行政自体にとっても問題です。なぜならば、こうした肩代わり行動はいったん生まれると、それに歯止めをかける論理が存在しないため、その構造がずるずると拡がってしまうからです。そのため、公共サービスの劣化もまた限りなく進む恐れがあるのです。それは「協働」という名の「安上がり行政」に他なりません。そうなると、この図では維持されるように描かれている公共領域自体が縮小していくことさえも予想されます。

そうではなく、地域運営組織の役割とは、むしろ、行政が得

図3-4　地域運営組織の設立目的

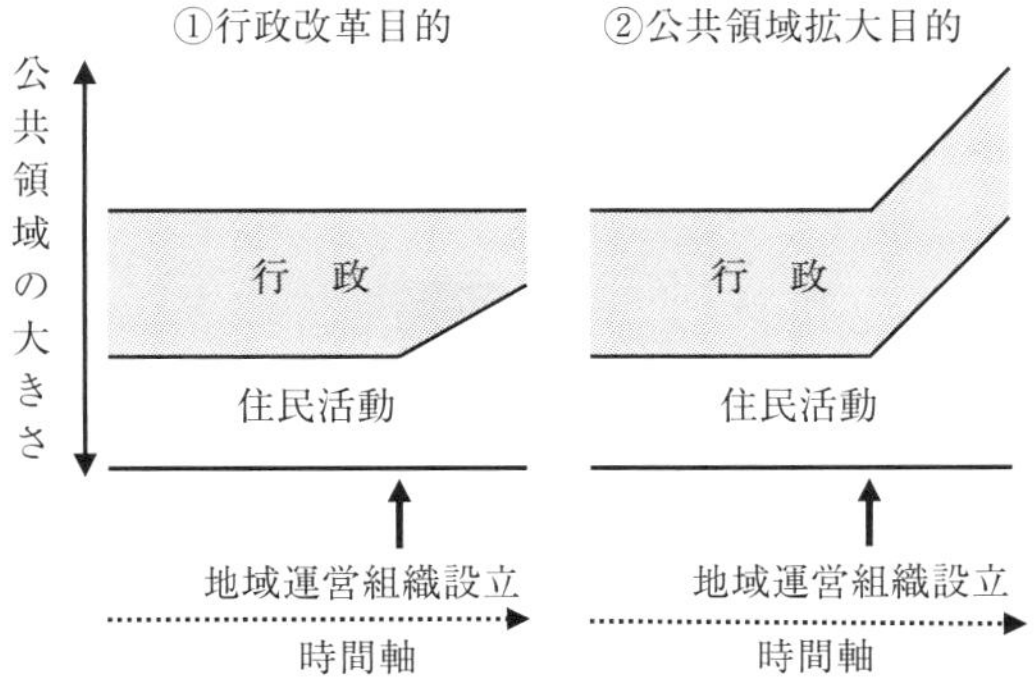

意ではない活動やいままでは行政が対応していなかった活動が中心に置かれるべきだと思います。また、ある活動を市場のサービスに依存しようとしてもその主体が欠落している場合もあります。そうした中で、地域のことをもっともよく知っている住民自身がその活動の担い手として登場することも1つの選択肢とする必要が生じる可能性もあります。地域運営組織の本来の論理は、あえて単純化すればこのようなもので、それを同じ図の②で示しました。住民の活動が拡大することにより、行政の取組みを含めた公的領域全体が拡大することを表しています。行政内部では地域運営組織に関わる企画の段階からこのようなイメージを職員で共有化すべきではないでしょうか。

②設立支援段階――急ぎ過ぎない支援

現在設立が進んでいる地域運営組織の中には、市町村長が、その設立を選挙のマニフェストで具体的な拠点数とともに公約したケースや、あるいは地方創生の地方版総合戦略に重要業績評価指標（ＫＰＩ）として数値目標を書き込んだことにより、設立準備が進んだものもあります。

そのような場合に見られがちなのは、設立を急ぎ過ぎるという問題です。どの行政領域でもそうでしょうが、課題遂行を過度に急ぎすぎるとさまざまな問題が生じます。特にこの地域コミュニティの分野ではそれが顕著です。

問題点は多岐に及びますが、あえて次の3点を強調したいと思います。第1に、設立を急ぐため、地域住民の当事者意識を醸成し、そこから内発するという基礎的プロセスを軽視しがちであることです。第2に、早く作ろうとするために、全国的な有名事例の模倣やマニュアルに依存する傾向が生まれ、組織やその活動が地域の実情から乖離してしまうことも挙げられます。そして、第3に、短期間で設立するためには、町内会などの既存の組織に依存し、活用するのが手っ取り早く、それらを形だけ束ねたものになりがちとなる点です(7)。

特に第3の点は見逃されることが多く、大きな問題を孕んでいます。先に、地域運営組織の1つの性格として「革新性」を指摘しました。集落単位では、以前からの男性中心の意志決定となるのに、集落の枠組みを超えた組織となることが多い地域運営組織では、女性も加えた議論や参加の場となり得るため、組織の仕組み自体を変えられる可能性があります。また、組織の代表は、集落のように短期（多くが1年）の輪番制ではなく数年間、持続的に担える体制も求められ、そのような革新的な編成をするチャンスが地域運営組織にはあるのです。ところが、急ぎすぎるあまり、この可能性を逸失してしまうとすれば、その損失は実はかなり大きなものとなります。

以上の3点をやや強く表現すれば、第1の点は「内発性の軽視」、第2の点が「（地域的）多様性の否定」、また第3の点が「革新性の欠落」と言えるでしょう。こうしたことが重なると、先にも指摘したように、住民には、「本来は行政がやるべきことを無理にやらされている」という「やらされ感」を強く意識するようになってしまいます。逆に言えば、「やらされ感」による組織設立の停滞を避けるためには、「内発性」、「多様性」、「革新性」を必ず意識して設立することが求められ、そのためには結果的に時間がかかったとしてもやむを得ないものと考えるべきではないでしょうか。

なお、ここで指摘した「内発性」、「多様性」、「革新性」とは、実は地域づくりの原則そのままです(8)。つまり、地域運営組織の設立には地域づくりの原点を見据えて、着々と進めることが重要であることがわかります。

③持続的運営支援段階――地域代表性への配慮

①と②は、行政が地域運営組織に近すぎること(「行政が地域運営組織を身勝手に位置づける」という意味において)により生じる問題でした。しかし、設立後のある段階になると、むしろ行政が遠くなるという問題が生じやすくなります。

それは、制度的問題でもあります。地域運営組織は、地域の公共領域の担い手だとしても、法的には私的組織となります。しかし、そこに自治体から一括交付金が提供されたり、地域おこし協力隊による人的支援が行われたりすることは、しばしば行われています。このような私的組織への公的支援を正当化するためには、当該の組織が地域を代表する性格を持っていること(地域代表性)を行政的に認定するような仕組みが必要になります。

そのために、すでに一部の自治体では、条例でそれぞれの組織を認定し、公的なサポートをしやすくすることが行われています。また、より進んだ取組みとして、島根県雲南市の「地域と行政の協働のまちづくりに関する基本協定」があります。2015年11月に市と市内のすべての地域運営組織（30組織）が個別に協定を結び、「市が地域自主組織に対して各地域唯一の代表機関としての正統性を与え、改めてまちづくりの対等なパートナーと位置づけた」（市の担当者）と言われています。あえて、協定という手法を選択し、行政—地域運営組織が対等だというメッセージを発したことも見逃せません。

こうした枠組み的な位置づけに加えて、より具体的な仕組みとしては、市町村における担当部局の明確化が必要です。これは設立支援の段階からも求められることですが、地域運営組織からの相談について、ワンストップで対応する窓口が必要になります。すでに見たように地域運営組織は多角化が進んでおり、行政レベルでも、産業、福祉、教育、環境、文化等の複数の部局との連絡が欠かせず、行政の縦割り的な仕組みの中では、地域運営組織サイドには意外と大きな負担がかかるからです。

以上、3つの局面に分けて代表的な課題を論じました。地方自治体と地域運営組織の関係は、近すぎてはならず、また遠すぎても問題です。その適切な距離感を実現するためにも、日々の実践と経験の積み重ねが今後ますます重要になると思われます。

注

(1)政府はその後、２０１６年3月に「地域の課題解決のための地域運営組織に関する有識者会議」を設置し、地域運営組織の実態や政策支援のあり方を詳細に検討している（最終報告は２０１６年12月）。こうした動きの契機になったのが、この「基本方針」だった。

(2)前掲・小田切『農山村再生』28頁。

(3)前掲・小田切『農山村再生』第2章。

(4)前掲・小田切『農山村は消滅しない』第Ⅲ章。

(5)コミュニティ政策研究で著名な名和田是彦氏（法政大学）は、地域運営組織のこうした行動を「切り出す」と呼んでいる。

(6)前掲・小田切『農山村再生』25〜26頁。

(7)同様の点のより詳しい指摘として、山浦陽一『地域運営組織の課題と模索』筑波書房、２０１７年を参照。

(8)前掲・小田切『農山村は消滅しない』第Ⅱ章参照。

第4章　新しい仕事づくり――農山村再生と「しごと」

（1）新しい地域経済の原則

1　地域資源の保全的利用を行う内発的産業――第1の原則

地方における地域経済のあり方をめぐって、最近ではさまざまな議論が提起されています。その中でも、「里山資本主義」(1)（藻谷浩介氏他）「田園回帰1％戦略」(2)（藤山浩氏）、「小さな経済」(3)（小田切徳美）は、特に農山村地域の実践から描かれた戦略です。それらは、それぞれ個性的な表現やネーミングがなされていますが、実はかなりの共通項が見られます。また、それに関わる具体的な事例も数多く紹介されています。そこで、ここでは、それらの共通項を探り、やや理論的な側面について、整理してみたいと思います。

共通して論じられているのは、第1に地域資源との関係性です。地域に賦存するさまざまな資源となんらかの関連を持つことは、どのような議論でも、むしろ当たり前のように指摘されています。

しかし、この「地域資源」については、最近では「資本」や時にはより狭く「ブランド」に近い捉え方をする論者もあります。さらに、資源ではない「人材」をも地域資源として議論するケースも少なくありません。

その点で、まず地域資源の定義を確認することが重要で、そのためには約30年前の永田恵十郎氏による議論は現在でも有効性を持っています。永田氏は、「地域資源」について、資源一般と地域資源を区別する要素を探り、それを「非移転性（地域性）」、「有機的連鎖性」、「非市場性」という3つの側面に求めています(4)。

つまり、地域資源は、文字通り「地域」資源として、地域の固有の存在であり、空間的に移転が困難なものです。また、地域資源は、地域内の諸資源と相互に有機的な連鎖を持っています。さらに、移転の可能性が乏しいという第1の性格から、どこでも供給できるものではなく、その限りで非市場的性格があります。

こうした性格を持つために地域資源の利用は、その保全と強くリンクしなくてはならないことがただちに導かれます。非移転性を持つ地域資源は、おのずから稀少的性格を持っているからです。また、有機的連鎖性からは、1つの地域資源の枯渇が他の地域資源に負の影響を与えることは必至です。これらのことから、地域資源の利用にあたっては、その保全に細心の注意が払われなければならないのです。

このように地域資源は、その性格から「保全的利用」というあり方がおのずから示されてきます。それは、さらに、その担い手の性格も規定することになるでしょう。少なくとも、短期的な利益を追求して地域資源を使い尽くすような行動をとることは、担い手としてふさわしくありません。さらに、地域資源の特性をよく認識していることが求められ、地域内発的な経済主体であることが望まれます。仮に、外部の資本であったとしても、それをコントロールする地元の力は不可欠でしょう。そこで、「地域資源の保全的利用を行う内発的産業」という方向性が見えてきます。これが、第1の原則です。

実はこうした論点は古くから唱えられています。たとえば、宮本憲一氏による「内発的発展論」がその典型です。これはたぶんに政府の地域経済開発に対する批判、対抗軸として打ち出されたものでしょう。しかし、それにもかかわらず、地域の現実としては、農村部での工業導入促進政策が始まった頃（同名の法律は1971年制定）は、過疎化が進んだ地域でこそ、外部からの工業導入志向が強かったと言えます。現に多くの過疎地域自治体では「工業誘致」を振興策の大きな柱にしていたのですが、その状況は現在では一変しています。

それを示したのが、**表4－1**になります。農林水産省「農村における就業機会の拡大に関する研究会」（2015年3月設置）による市町村アンケートの結果ですが、地域における「就業機会を創出する産業のタイプ」が尋ねられています。それによれば、そのような産業のタイプとして、過半の市町村が「地域の資源を活用した内発的な産業」（「どちらかというと」を含む）と回答しています。しかも、自治体の人口が少ないほどその傾向は強く、特に過疎地域ではその割合は7割以上にも及んでいます。

それは、「地域外からの誘致」が過半を占める三大都市圏の自治体とは対照的です。つまり、人口減少下で就業機会の増大が喫緊の課題となっている地方圏の自治体では、地域内発的な産業が経済振興の主なターゲットとして意識されているのです。

農水省のこの研究会は、元々は農村工業等導入促進法の改正（おもに業種の拡大等）を意識したものだったのですが[5]、このような自治体の意向が明らかになる中で、「今後は、こうした地域外からの企業誘致との視点に加え、農村の豊かな地域資源を活用して、地域づくりを絡めた取組みやこれまで農村の地域外に流出していた経済的な価値を域内で循環させる地域内経済循環型産業を進めることも重要である」とその方向性をまとめています（同研究会「中間報告」２０１６年３月）。

いまや、この「地域資源の保全的利用を行う内発的

表4-1　就業機会を創出する産業のタイプ（市町村アンケート結果）

単位：％

		回答市町村数	内発的産業育成 ①	どちらかというと内発的 ②	どちらかというと地域外 ③	地域外からの誘致 ④	合計	内発志向 ①＋②	外来志向 ③＋④
人口別	５万人未満	1,011	16.8	41.7	35.5	5.4	100.0	58.5	40.9
	５万人～10万人	238	15.9	40.0	37.5	6.0	100.0	55.9	43.5
	10万人以上	216	9.7	39.4	41.2	5.1	100.0	49.1	46.3
地域別	過疎地域	553	21.0	49.2	26.0	3.4	100.0	70.2	29.4
	三大都市圏	190	13.7	25.8	47.9	8.9	100.0	39.5	56.8
合　計		1,465	14.9	39.9	38.0	5.9	100.0	54.8	43.9

注：１）資料＝農林水産省「農村における就業機会の拡大に関する検討会」のアンケート結果より作成。
２）アンケートは全国の市町村を対象をしている（回収率＝85.2％、2015年実施）。
３）アンケートの選択肢は以下の通り（「無回答」の表示は略した）。
①地域の資源を活用した内発的な産業の育成。
②どちらかというと地域の資源を活用した内発的な産業の育成。
③どちらかというと地域外からの工場等の誘致。
④地域外からの工場等の誘致。

産業」という地域経済の方向性は地域の現場でも、政策上においても、ある程度の影響力を持っている考え方としてよいでしょう。

2　地域内循環型経済構造の確立――第2の原則

第2の原則として、先の農水省の中間報告にもあるように、「これまで農村の地域外に流出していた経済的な価値を域内で循環させる地域内経済循環型産業」が求められている点も共通するポイントでしょう。

たとえば、環境省も、「環境白書・循環型社会白書・生物多様性白書」でその点を強調しています。2015年度の白書では、「環境とともに創る地域社会・地域経済」をテーマとして、積極的に地域経済のあり方を論じています。その中では、熊本県水俣市における地域経済循環分析などを素材として、結論的に次のことが論じられました(6)。

特に、過疎化が進行する地域、脆弱な産業基盤を有する地域においては、その地域における強み（域外の資金を獲得できる産業）と課題（域外に流出している資金）を把握し、その地域の特性である地域資源を活用するなどして地域経済の振興を目指す「地域経済循環の拡大」により、地域経済の縮小を克服するとともに、地方と都市、さらに地方間の連携といった「地域間連携」により、資源と資金や人が循環し、互いに必要としているものを補完してお互いが支え合うことで、こうした環境的側面、経済的側面、社会的側面を統合的に向上させ、地域活性化及び持続可能な地域づくりに資することができるものと考えられます。

これは、水俣市の現実的な分析に裏打ちされた議論でもあります。たとえば、地域の循環構造にかかわり、同市の「中核企業グループ」であるA社（市内生産額2123億円のうち576億円を生産―2010年）について、「A社は設備投資において市内企業と取引があるものの、原材料のほぼ100％を市外から調達しており、同社の生産活動の拡大は、既存設備の範囲内で行われている限り、市内への経済波及効果が限定的であるということが判明しました」(7)と実にリアルに論じています。

また、「田園回帰1％戦略」を唱えている藤山氏は、この「循環」の視点を地域経済の再生に向けて、さらに具体化しました。藤山氏は農山村における独自の家計調査の分析を通じて、生活資材が予想以上に地域外からの供給に依存していることを明らかにしています。このことから、逆に「現在の外部への依存や流出がはなはだしいほど、これから地域内へ取り戻していく可能性が大きく広がっている」(8)としています。同氏が具体的に分析した島根県益田圏域では、「商業」、「食料品」、「電気機械」、「石油」が取り戻しの重点分野と分析され、そのための実践が提起されているのです。

こうした議論には、自治体レベルからの共感が広がっています。たとえば、長野県では、県版の地方創生戦略である「人口定着確かな暮らし実現総合戦略」において、食、木材、エネルギーの分野における「地消地産」（あえて「地産地消」ではなく「地消地産」）の推進が位置づけられています。これは、地域の消費実態に応じて、地域内の生産を変えていくことを意味しており、藤山氏の言う「取り戻し」に他なりません。具体的な、食の地消地産の取組みとしては、宿泊施設や飲食店、学校給食、加工食品等で活用する農畜産物について、県外産から信州産オリジナル食材等への「置き換え」が推進されています。同県では食材のほか、木材や工業製品についても同様の施策が始まっており、地域経済の方向性が県レベルで戦略的に明示された点で画期的だと言えるでしょう。

ただし、この戦略には批判もあります。政府の地方創生にかかわり、地方創生会議の委員を当初より務める冨山和彦氏は、増田寛也氏との対談で、「『域外経済への富の流出を防ぐために生産性の高低にもかかわらず域内の生産物を買おう』なんていう話は、それこそ重商主義か原始共産主義みたいなナンセンスな議論。これではかえって地域経済は貧しくなります」[9]と論じています。これは、「取り戻し」、「置き換え」の政策的な推進が生産性の低い企業を温存する可能性があることから、この路線の機械的な適用を批判しているものです。

しかし、「取り戻し」は、それを担う生産者（企業）のイノベーションのチャンスとなることに注意したいと思います。確かに、指摘されるような状況はあり得ますが、具体的な消費傾向を認識し、現状からの「置き換え」を意識すること自体が域内供給者（生産者）の刺激となります。身近な消費者との連携が力となる新しい経済への移行が期待されるのです。長野県の戦略が「地産地消」ではなく、ひっくり返し、「地消地産」となっているのはそれを多分に意識しているからでしょう。その点で、地域内循環型経済構造の担い手となる生産主体には、地元消費者との近接性を意識した絶えざる革新が求められていることも指摘しておきたいと思います。

3　地域経済の多業化——第3の原則

第3に、地域経済の多業化も指摘したいと思います。ここで、あえて「多角化」ではなく「多業化」としたのは、多角化は単一化した状況から変化するプロセスを表す言葉と考えられるからです。しかし、農山村では、もともと「多業」という構造があり、違う次元でそれに回帰するプロセスを「多業化」と表現していました。

この点を説明するために、農山村経済の所得構造の歴史を大雑把に振り返ってみましょう。多くの人々は、戦後の高度成長期より農家の兼業化が進み、それ以前は専業農家が大多数であったというイメージをお持ちかもしれませんが、少なくとも農山村では、そうではありません。

少し、データを見てみましょう。日本全体の数値となりますが、高度成長の入り口にあたる1955年の農家の兼業率はすでに65％もあります。さらに兼業農家の内訳を見れば、そのうち現在の兼業農家のイメージである恒常的勤務兼業（恒常的職員＋恒常的賃労働）は兼業農家中で39％に相当しますが、実はそれとほぼ同率を「自営兼業」が占めています（40％）。この「自営兼業」とは、林業や漁業との兼業を含みますが、その実態はさらに多様な生業による兼業が位置づけられているのです。

そして、農山村ではこうした傾向がもっと著しかったと想定されます。同じ数字（1955年）を島根県で見れば、兼業農家率は80％と著しく高く、兼業農家に占める自営兼業の割合は52％と過半を示し、恒常的勤務兼業の29％を大きく上回っていました。このように、山間部では、高度経済成長が始まる以前から兼業が一般的であり、そしてその内実は多様な自営業であったと言えます。

この点について、日本の山村を記録し続けた地理学研究者の藤田佳久氏は、次のように表現しています[10]。

〈山村の農家は〉自然的制約による経済的基盤の弱さから、農業あるいは林業だけの収入に依存できず、多くの副業に従事したし、多くの出稼就業もみられた。このような動きは、戦後の農地改革で農村が短期的ではあれ、多くの専業農家を生み出した時にも維持された。山村は多様な副業の組み合わせ、つまり農家という視点から見れば、兼業農家としての就業形態が一般的だったのである。

このような「多様な副業の組み合わせ」は、たとえば、〈農業＋薪炭＋きのこ採集＋用材の搬出＋加工業＋……〉というものであり、山村の地域資源を利用したものであると同時に、山村の人々の暮らしに必要不可欠なものでした。

したがって、農業と林業のみを取り出して、「もともと、農山村は農林業を基盤とする」とする認識は正しくありません。むしろ、高度成長期の直前まで、この地域は、平地水田地帯とは比較にならないほどの多様な稼ぎにより生計が維持されてきていたのです。その態様をここでは、「多業型経済」と呼んでみたいと思います。

しかし、この「多業型経済」が、貨幣経済の浸透による社会的分業の進展により、さらには、より具体的には、その後の薪炭業や林業の急激な衰退により、最終的には稼ぎの一部を担っていた農業、とりわけ稲作に特化することとなりました。民俗学者・柳田国男は、１９４０年代末に、すでにこの過程を「山村の農村化」という印象的な表現でいち早く論じ、そこでは「山村の特殊なる生業が一つ一つの独立性を失い始めた」と指摘しています(11)。

この結果、中山間地域には、「多業型経済」を構成していた一要素の農業が残されましたが、その経営規模は、以上のような経緯から、もともと零細だったのです。その規模の小ささは、少なくとも当時は、農業の衰退の結果ではなく、むしろ他の多様な「業」が存在していたことを背景としていたのでした。

こうした歴史的プロセスを認識すれば、農業、特に稲単作という現状の延長線上に、農山村の再生方向を展望することは、本来的に困難であることが想像できます。農山村はそもそも本格的な農業地域ではなかったのだとすれば、むしろ農業以外の多様な「業」を含めた「多業型経済」の現代的再生が、農山村経済再生の基本線として位置づけられるべきなのではないでしょうか。いわゆる「6次産業化」の原理も、農山村ではこのように捉えることができるように思います。

それでは、新しい「多業型経済」を構成する「業」には、どのような産業分野が考えられるでしょうか。当然、農林業や地域資源、さらに地域課題という地域の現実と無縁なものであることは考えられません。そこで各地の実践を見てみると、新しい「業」には、2つの方向性が考えられるように思います。

1つは、やはり地域資源を活かした農業以外の新たな産業育成です。そのような新しい分野としては、「環境」、「教育」、「健康」の三分野（頭文字から「新3K産業」）において可能性が高いと思われます。たとえば、「環境」の領域では、バイオマスエネルギーはもちろん小水力発電等の再生可能エネルギーの供給があり、大きな可能性があります。それを次節で問題点を含めて、詳しくみたいと思います。また、「教育」として農林業の体験学習、「健康」では森林や動物によるセラピー等があげられますが、これらは、すでに多くの実践例があります。

2つめは、住民への生活サービス事業で、これは新しい領域でしょう。改めて論じるまでもなく、農山村では過疎化高齢化が進む中で、民間主体からのサービス供給力が急速に低下しつつあり、生活交通、福祉、買い物等の基礎的な生活条件そのものが欠落しつつあるという現実があります。その供給を

「業」とすることも多業化の1つの方向と言えるでしょうか。現実に、前章で見た地域運営組織にそうした状況をカバーしている姿がありました。そうしたサービス供給は、ボランティア・ベースであることも少なくありません。しかし、そこに職場が生まれることは確かであり、「業」としての安定化が課題となります。

このような多方面にわたる多業化の主体は、個人の場合もあれば、集落単位のケースもあります。個人や「いえ」単位の代表的なケースが、実は兼業農家となりますが、最近では多数の職業を個人が兼任する「ナリワイ」というライフスタイルがあり、農山村にも見られます。それは、「ナリワイで生きるということは、大掛かりな仕掛けを使わずに、生活の中から仕事を生み出し、仕事の中から生活を充実させる。そんな仕事をいくつも創って組み合わせていく」(12)という考え方で、都市、農村を問わず、一部の若者の中にはすでに定着した考え方とさえ言えます。それが実現しやすい環境が、歴史的にも農山村には存在していたということだと思います。

また、地域単位での多業化が、先に見た地域運営組織の多角化、さらに集落営農の多角化と言えそうです。後者の点について補足すれば、農業経営の1形態として定着している集落営農では、農業内での複合化（水田農業＋α）が進むと同時に、非農業分野の多角化が進んでいます。たとえば、その先発事例である島根県出雲市旧佐田町のグリーンワークでは、集出荷を含めた農業部門に加えて、中山間地域等直接支払制度の事務作業、冬期の灯油配達、公園管理、そして高齢者の移送サービス等を行っています。

こうした個人や地域単位での多業化は、農山村にとっては、歴史的に見ても必然的に生まれたものと言えます。これを部門別に分解して、１つひとつの産業に専門化し、その規模を拡大する「規模の経済」という発想ではなく、むしろ多業化を前提として、その持続性を高めることこそが重要です。

以上のように、農山村では、①地域資源の保全的利用を行う内発的産業の確立、②「地消地産」をベースとする地域内循環型経済構造の構築、③多業化経済の個人レベル、地域レベルでの再構築という方向性（原則）が、現実に進んでおり、その持続化が農山村経済の再生のために求められているのです（農山村経済再生の３原則）。

（２）再生可能エネルギーによる循環型経済――その問題点と展望

1　太陽光の問題点

前節で触れたように、再生可能エネルギーの供給は、この３つの原則すべてが当てはまり、農山村における新しい産業として期待される分野です。実際に再生可能エネルギーを活用して経済を循環、発展させている地域が多くあります。しかし、そこには制度的問題もあり、必ずしもその期待に応えきれていない現実があります。この節ではその実態を太陽光、バイオマスといった部門別に見ていきたいと思います。

まず、各方面で話題となっている太陽光発電について取り上げます。太陽光の発電パネル設置が急激に増えたのは、2012年にスタートした固定価格買取制度がきっかけです。

固定価格買取制度とは、太陽光、小水力などの再生可能エネルギー源を用いて発電された電気を、一定の期間にわたり一定の価格で電気事業者（電力会社）が全量買い取ることを義務づける制度です。もともとある豊富なエネルギー資源をもとに発電し、その電力を有利な価格で一定期間、買い取ってもらえる仕組みであるとして、農山村からは「地域の雇用・所得につながる」と高く期待されていました。

固定価格買取制度は、価格や仕組みは大きく違うものの、欧州を中心にすでに「FIT制度」として定着しています。日本の固定価格買取制度は、各国のFIT制度と比べるとかなり高水準の価格で長期間、買い取っています。初期投資を差し引いても、比較的大きな利益を得ることができると言えます。他方で、制度でかかる費用は電気料金に上乗せされ、国民が負担する仕組みです。

図4―1は、固定価格買取制度での買い取り電力量を示すものです。再生可能エネルギーのうち、10キロワット以上の事業用と10キロワット以下の住宅用、双方を合わせて太陽光による発電が全体の約68％を占めています。太陽光が占める割合が突出して高い背景には、初期投資に必要な資金とパネルを設置する土地があれば参入しやすく、すぐに発電できるからです。

それに対して、たとえば木質バイオマスは、資源となる木材を工場に運ぶまでの技術や流通の仕組みが確立しておらず、手間や時間を要します。小水力も同様に、水の流量測定など適地調査、河川の水の利用権の問題など、発電するまでには資金や合意形成などが必要です。

また、太陽光発電は、小水力などに比べ利益が計算しやすく事業として採算が見込みやすい利点もあります。太陽光は土地さえ用意できれば、個人や企業の判断で参入しやすい事業とも言えます。資金力のある都会の企業が投資目的で参入し、特に制度開始後の買取価格の高い時期を狙ったメガソーラー（出力1メガワット＝1000キロワット以上の大規模な太陽光発電）の建設ラッシュは全国的な問題になりました。

前述の通り、再生可能エネルギーは農山村の新しい産業として期待できる分野ですが、メガソーラーが建設された自治体では、建設した場所が農山村でも、利益は首都圏や中国など海外に本社を構える大

図4-1 固定価格買取制度での 電力量の内訳

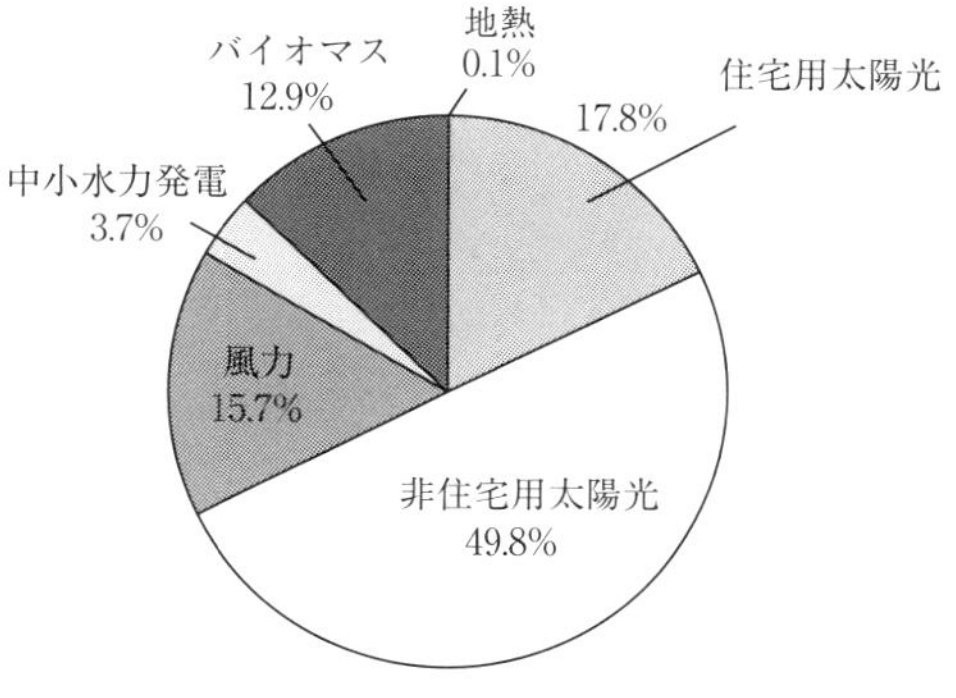

注：1）資料＝資源エネルギー庁「なっとく！　再生可能エネルギー」(2017年)より作 成。
2）2012年7月~2017年1月末の累計。

企業が吸い上げ、地元には土地の賃借料くらいしか恩恵がないといったケースが散見されます。太陽光発電は、地元の合意を得なくても事業を進めることができます。政府による改善策は後ほど詳述しますが、太陽光パネルが設置されはじめて初めて実態を知った、という地域の人もいるほどです。

固定価格買取制度における買取価格は、専門家や有識者による中立的な調達価格等算定委員会が議論した結果を参照し、経済産業大臣が決定しています。普及とともにパネルなど設備費用が下がることを踏まえ、買取価格は毎年引き下げる方向で議論されています。たとえば２０１２年度に1キロワット／時あたり40円だった事業用太陽光発電の価格は２０１６年度には同24円まで下がり、２０１７年度以降は入札制に移行しています。太陽光の買取価格の引き下げを受け、経営が悪化する企業が増え、倒産するケースすら出てきました。そのため、メガソーラーの建設が今後も爆発的に増えていくことは考えにくいでしょう。

買取期間が終わると、メガソーラーはどうなるのでしょうか。土地や設備、撤去費用など、農山村でトラブルにならないか懸念されます。メガソーラーの撤去費用を積み立てている企業や、買取期間後も発電を続ける企業もあるでしょう。しかし、買取期間が終わり、〝うまみ〟がなくなれば、企業の所在が不明になりメガソーラーが巨大なゴミとして放置され続けるケースも出てくるかもしれません。今後予想される問題に、政府や自治体は長期的な視点を持って対応していく必要があります。

2　太陽光におけるトラブル

太陽光発電を巡る深刻なトラブルが各地で起きています。福島県相馬市では、メガソーラーの建設を目論んだ会社が山林所有者の同意を得ずに山を伐採し、地元住民が損害賠償請求を起こしています。長野県や兵庫県、静岡県などの地域でも、メガソーラー建設に対し、土砂災害の懸念や景観を損ねるとして、住民が反対運動を展開しています。中には、パネル設置に地元自治体との協議は義務づけられていないため、知らぬ間に発電事業計画が次々と進んでしまっているケースもありました。

２０１５年9月、鬼怒川の決壊で甚大な水害が発生した茨城県常総市の若宮戸地区では、地元住民から「太陽光パネルの設置が越水被害の原因だ」と憤りの声さえもあがっています。若宮戸地区の川沿いに並ぶ太陽光パネルは、自然堤防の役割を果たしていた川岸の砂丘を切り崩して設置されました。

水害が発生する前から自然堤防を掘削してパネルを建設していることを知った地元住民は、国土交通省や県土木事務所、市などに危険性を訴えていましたが、建設計画が覆ることはなく、集中豪雨の被害に見舞われました。地元住民らは「自然堤防を削れば鬼怒川が増水した時に越水するというのは、地元住民の共通認識だった。行政にはこうした事態を招いたことに対し、説明責任がある」、「建設工事に対して、なぜ土手をなくすのかとみんな不安だった。田畑も家も何もかも浸水してしまい、これから先が見えない」、「盛土がないから洪水が直撃した。地元の合意を得ずに工事が進められた」などと、やり場のない声をあげています。

実際に、太陽光パネルの建設工事による砂丘の掘削が、若宮戸地区の被害が拡大した原因かどうかは判然としません。しかし、こうした現場の切実な声を聞くと、地元の合意を必要としないパネル設置や設置した企業だけに無条件で固定価格買取制度の利益が流れる仕組みは再考した方がよいと思います。

土地に直接設置する太陽光パネルは、建築基準法の対象とならないため、建築物としての規制や申請確認を必要としません。同じ再生可能エネルギーでも、大規模な風力などは環境アセスメントをしなければ建設できませんが、太陽光は対象外です。

各地のトラブルをみると、制度のほころびに起因するものもありました。政府や自治体は、具体的なトラブルの情報を共有し、改善を積み重ねることがますます重要になってくるでしょう。

3　大型バイオマスの問題点

固定価格買取制度がスタートし、企業が注目しているのは太陽光ばかりではありません。木質バイオマス（生物由来資源）も各地に発電所が建設され、山に放置されていた未利用材が発電用材として生かされ始めています。制度がスタートした直後はメガソーラーの開発ラッシュが目立ちましたが、**図４－２**にあるように、２０１４年度あたりからバイオマスの発電量が、際立って増えています。

林野庁によると、２０１７年３月時点で固定価格買取制度を利用して稼働している木質バイオマス発電件数は61件になります。一般木材バイオマスに２０１７年９月までに認定を受ければ１キロワット／

時あたり24円で20年間の買い取りが保証されますが、同年10月からは2万キロワット以上の大規模発電は価格が同21円に下がるため、駆け込み申請が急増しました。このため、経済産業省はバイオマスの入札制度も検討し始めました。林業関係者は「地元にメリットがないバイオマス発電が多い」と見ています。

しかしバイオマスの固定価格買取制度は、木材の有効利用と新たな所得につながる仕組みです。ただ、大型のバイオマス発電は、現状の林業の実態から乖離した規模になっているものもあります。バイオマス発電施設を認定申請する時に、発電事業者はどのくらい燃料材を使うのかを計算して申請書を出します。発電所を稼働させるために必要な木材の量が足りず、発電業者が未利用材以外に、これまで製材端材になっていた木材や輸入したヤシ殻まで利用するケースもあります。参入した複数の大手企業はコストと調達しやすさを考慮し「輸入したパームヤシ殻を中心に発電する」と明かしています。

図 4-2　買い取り電力量の推移

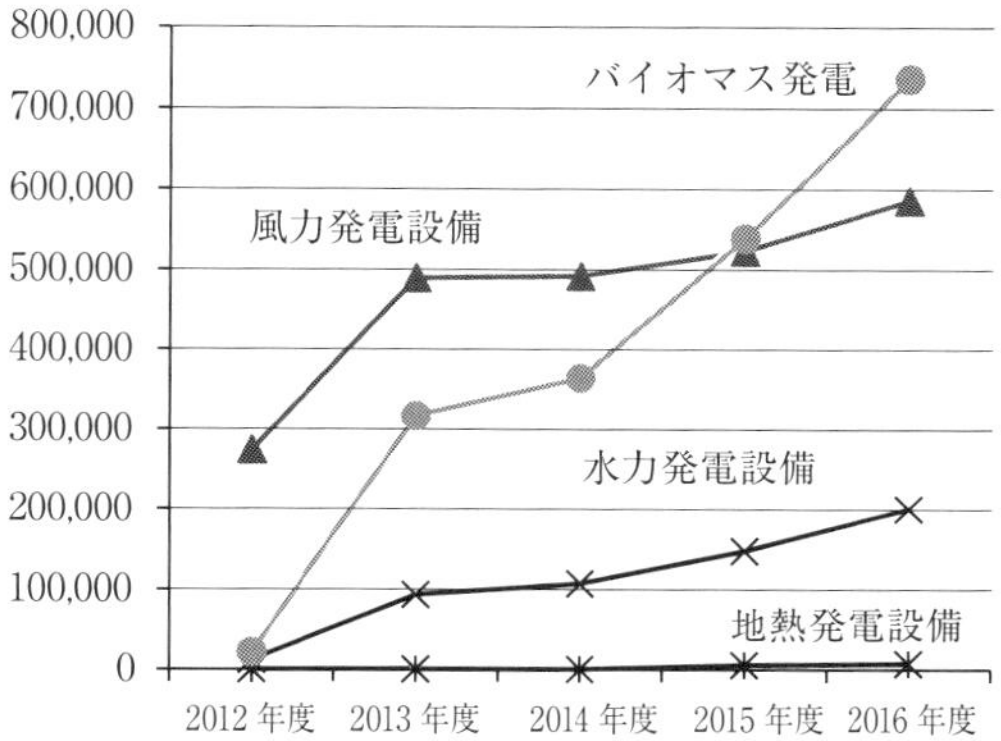

注：1）資料=資源エネルギー庁「電力買い取り量の推移」（2017 年）より作成。単位は万キロワット時。
2）太陽光発電は除いて作成。

ヤシ殻だけではなく、「国内の木材を調達したい」（首都圏の企業）という声も当然あります。これまで捨てられていた木のくずや未利用材がバイオマスとして生かされれば、林業再生に直結します。しかし、大手企業によるバイオマス発電が加速することに、林業関係者からは「国産材の乱伐につながりかねない」と危険性を指摘する声が出ています。

自伐型林業推進協議会の代表、中嶋健造氏は「発電用の木材を供給するために、皆伐や大規模な間伐をしている国産材では調達が間に合わないので、海外からヤシ殻などを輸入して発電用に使っていて、地域活性化や農山村再生の観点からはほど遠い事業もある。『持続可能』や『自給』とは真逆の現象まで起きている」と警鐘を鳴らしています。

ここで木材自給率についてその推移を簡単に紹介します。林野庁によると、２０１６年の木材自給率は34・８％で、６年連続で上昇しています。１９５５年には96％だった木材自給率は木材輸入の増加で急激に低下し、２００２年には過去最低の18・８％を記録しました。その後は、上昇傾向で推移し、２０１４年は31・２％と26年ぶりに30％台に回復しています。技術革新で合板用材向けに針葉樹が使われるといった要因に加え、２０１２年に再生可能エネルギーの固定価格買取制度が始まったことが上昇の背景にあります。木材自給率は、ロシア、米国東海岸が丸太での輸出を抑えるようになった一方、日本では戦後植えた木材が成長し伐採時期に入り、合板や集成材の需要が増えていた状況下で再生可能エネルギーの固定価格買取制度がスタートし、木質バイオマス活用による利用が一気に増えたのです。

木質バイオマス５０００キロワット規模の発電に必要な木材は年間６万トン、10万立米にも上ります。年間６万トンと言えば、集荷想定範囲は半径50キロメートル程度とされていますが[13]、原料となる木材の調達の仕組みが整っている地域は限られています。これまで活用されていなかった未利用材は、山に放置されていたケースが大半です。木の伐採から発電工場まで搬出するノウハウが蓄積されておらず、山に豊富に木はあっても、現場の供給体制が追いついていないのです。

資源エネルギー庁の調査によると、バイオマス発電において、原料調達に苦慮する事業者が圧倒的に多い状況です。原料を無理に確保することで、現場にしわ寄せがきていることが想定されます。急増するバイオマス発電向けの需要に対して木材の供給が追い付かないため、原料の入手難や価格高騰といった形で製紙、合板業界の事業に影響が出ているのです。

作業道が整備されていない山奥から搬出する技術を持つ人材が限られ、搬出用の専用機械などコストもかかり、原料となる資源の奪い合いが現状では起きています。国産材を長年扱ってきた企業などからは「バイオマスは、はた迷惑」（九州南部の木材メーカー）との声もあがっています。

実際、現場では、山の乱伐が問題視されています。徳島県那賀町で古くからの林業家である橋本光治さんは、次のように、木材の乱伐が進むことに警鐘を鳴らしています。

生態系を無視した環境破壊に見える。木材需要が増え、間伐材だけでなく、建築用材までバイオマス発電に使われ、はげ山が増えた。植林や保育作業もしないまま皆伐されると、土砂災害を招く。各地で、樹齢構成や地域の実態を無視して成長具合に関係なく木をすべて伐採し、植林もしない山を目にする。林業は十年単位の長い期間で経営を考える産業。それなのに今だけ儲かればよいと短絡的な視点で木材が活用されている。

自ら伐採から搬出、出荷をする橋本氏は、樹種や樹齢だけでなく、山全体のバランスや安全性を考慮しながら1本ずつ伐採、植林しています。この営みの積み重ねで、孫子の代まで持続可能な林業が受け継がれていくのですが、現状では、「今だけ、金だけ」という視点で、林業の実態にそぐわないバイオマス工場が稼働しています。

バイオマス発電で、今まで活用されていなかった木材が生かされたり、林業者の所得が向上したりといった側面は歓迎されるべきですが、問題は低質材の需要だけが急激に増えたことです。このまま、品質や山の特性を考えず、伐採量だけにこだわる大規模な皆伐が進めば、持続可能な林業は望めません。さらに輸入したヤシ殻によるバイオマス発電は、農山村の林業再生などとはまったく無関係のものです。

また、バイオマスには、発電だけが注目されているという問題点もあります。しかし、本来は、農業用ハウスや暖房、温浴施設など熱利用もでき、そうすることにより、高いエネルギー効率が実現できるのです。九州大学の佐藤宣子氏（林政学）はこう指摘しています。

固定価格買取制度の問題点は、投資という視点で山を見て、電気利用しか考えられていないことだ。バイオマスは農業用ハウスや暖房、温浴施設など熱利用ができるのに、発電だけだと熱効率が低く、とてももったいない。大規模なバイオマス発電施設を稼働させるため、国内での供給では足りず輸入のヤシ殻を活用するケースもある。バイオマス先進地であるドイツやオーストリアでは、地域貢献を重視した小規模分散型の熱利用が主流になっているのに、日本は学んでいない。林業は「儲からない」と言われ、国の政策が誘導したこともあり、伐採から管理まで民間事業体や組合などに委託する方向性が強まっている。しかし、中山間地域では山の持ち主が伐採から搬出、植林や手入れを行い、所得につなげる「自伐」が見直されている。林野庁は大規模で量を主眼にした伐採だけでなく、環境保全を考慮した小規模での伐採を支援する政策を進めていくべきだ。

持続可能な林業や山のあり方を無視した大型バイオマスの恩恵は、地域社会に届いているとは言えません。固定価格買取制度の導入で発電だけに特化して木材が利用されている状況は、地域循環型の経済構造とは距離があります。

4 「地消地産」電力の可能性

以上のように、さまざまな課題がある固定価格買取制度ですが、地域の資源から電力が生まれ、その電力が買取される仕組みは、農山村にとって大きな可能性があります。「エネルギー白書２０１４」によると、日本のエネルギー自給率はわずか６％で、94％を海外に頼っています。エネルギーを地域でつくっていくことは重要な視点です。

図４―３は、経済産業省の資源エネルギー庁が公表している電源比率です。水力を含めると、日本の再生可能エネルギーの電源比率は15・３％で、固定価格買取制度が始まって以降、順調に拡大し、石油を抜きました。

政府は、再生可能エネルギーの割合を高めていくことを目標とし、固定価格買取制度が抱える多くの問題に対し、対応に着手しています。これまでは、太陽光発電の認定を受けても実際の発電がなされないといった課題や、送電網の容量不足から電力会社が再生可能エネルギーの電気の買取受付を中断した

図 4-3　日本の電源比率

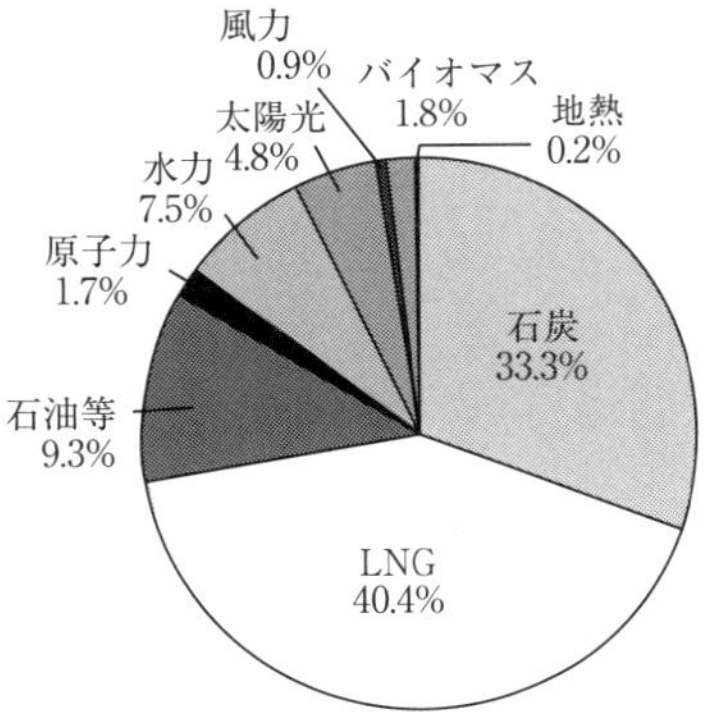

注：資料=資源エネルギー庁「総合エネルギー統計」（2016年度）より作成。

といったケースがありました。こうした課題に対し、メガソーラーの買取制度は入札制度を導入し、発電コストの低い事業者を優先させるなどの対応をとっています。

また「発電できる状態になってから認可する」、「開発に時間のかかる地熱や水力などは数年先の価格を明示し見通しを立てやすくする」、「送電網の容量不足に対応するため、電力会社の枠を超えて広域的に受け入れる仕組みに変更する」ことなど、さまざまな改善策が実行されています。

特に２０１７年４月には大幅な制度改正をし、発電事業を進める際、地元住民とのコミュニケーションを図る重要性を制度に盛り込み、説明会の実施などが努力義務として位置づけられました。説明は義務ではないために効果は不透明ですが、一歩前進と言えるでしょう。このほか、経産省は、同年５月に「再生可能エネルギーの大量導入時代における政策課題に関する検討会」を新たに立ち上げ、太陽光以外の再生可能エネルギーの導入を広げるために議論しています。

バイオマス発電についても、問題点を踏まえ、小規模な木質バイオマス発電でも採算性がとれるような改善も示されました。政府は２０１５年４月から小規模な木質バイオマス発電を優遇し、林地残材を使う発電での価格1キロワット／時あたり32円に対し、新規の出力２０００キロワット未満の小規模発電では別枠を設置し、同40円に増額しました。従来の買取価格では、採算確保を考えると発電能力の高い大型設備を建設しなければならず、大量の木質原料確保が前提となり、対応が難しい地域が大半でした。しかし、こうした変更によって、山に放置されてきた間伐材が発電原料として生かされれば、「地消地産」の発電を実現でき、地域の所得や雇用の増加につながる可能性が期待できます。他方で、山から木材を搬出して発電施設に持ち込むための仕組みづくりなどは今後の課題です。行政、関係団体、発電事業者が連携し、小規模発電のモデル事例を根づかせ、ノウハウを共有していくことが、今後のバイオマス普及の鍵をにぎるでしょう。

このような制度的改善と同時に、地消地産のエネルギーを普及させ、地域づくりにつなげるためには、やはり地域の力が問われます。次に、その現場を紹介します。

5　地域発の再生可能エネルギー

再生可能エネルギーをきっかけにした地域の「内発力」を発揮する取組みの先駆けとなったのが、岐阜県郡上市の石徹白集落の住民が２０１４年に立ち上げた、小水力発電による農業用水の維持管理を基軸とした専門農協「石徹白農業用水農業協同組合」です。行政の助成と住民の出資で発電所を設置し、専門農協は売電収益を住民の共同作業など集落の維持管理に活用、地域に還元しています。再生可能エネルギー分野を中心とした専門農協は全国でも極めて珍しいとみられます。

石徹白集落は過疎化が進む農山村にあります。もともと、移住者と住民が協同で水車による発電での地域づくりに取り組んでいた基盤がありました。発足当初の組合員数は91人。集落のほぼ全戸が参加しています。発電所の規模は最大出力91キロワット。事業費は改修費込みで2億４０００万円。行政の補助を受け、残る6000万円は融資4000万円を含めて組合員で用意しました。

この地元負担額は、集落にとっては大きな投資額ですが、財政問題も含め、課題を地域で共有し、話し合いを重ねました。集落の売電収益は年間1750万円を見込んでおり、維持管理費や事務経費以外は、共同で利用できる加工所や販売所の建設、耕作放棄地の解消などに充てる方針です。

また、大分県竹田市の宮ヶ瀬地区では、後継者不足で耕作を断念する農家が増加していることから、土地改良区が農業用水路を活用した小水力発電所を2015年に建設し、地域農業の再生に挑戦しています。固定価格買取制度の利用で売電収入が年間400万円程度になる計算で、その資金をもとに、地域活性化の道筋を考えています。

初期投資は、話し合いを重ね、最終的には銀行から借りました。当初地域の農家からは不安の声が相次いだとのことです。しかし、地域のリーダーは「江戸時代から守り続けてきた農業用水路を若い人につなげたい。地域が前向きになるには再生可能エネルギーはとても大きなきっかけになる。高齢化の進む中山間地域に小水力で将来を描いていきたい」と考えて、説得を重ねました。

バイオマスでも、地域活性化につなげた自治体があります。北海道下川町です。育苗施設や学校といった公共施設の暖房や給湯の64％（2016年時点）を石油から森林バイオマス（生物由来資源）での供給に切り替え、伐採、植林、育成の循環型の森林経営を確立しました。木くずは熱源にしてエネルギー自給を進め、年間で化石燃料費1900万円の削減につなげています。熱供給の半数以上を再生可能エネルギーでまかなうことができた自治体は全国初ということです。

面積の9割が森林の下川町は年間40～50ヘクタールを植樹し、森林の伐採から育成を繰り返す「循環型森林経営」に取り組んでいます。伐採した木は、通常なら山に放置される木くずも含めて活用、流通・販売し、伐採や育林は同町森林組合が中心となって担っています。木質バイオマスボイラーは２００４年から農業施設や公共施設に導入し、トマトや薬用植物などの育苗施設や特用林産物栽培研究所の熱供給をまかなっています。ＪＡ北はるか下川支所など町内の燃料販売事業者でつくる協同組合が燃料となる木質チップの製造を請け負うという取組みを進め、２０１５年度からは公共施設の熱供給のうち60％を再生可能エネルギーに転換しています。石油代の削減分（年間１９００万円）はボイラーの更新費用と子育て基金に充てる仕組みです。

こうした取組みが奏効し、森林整備や伐採した木を無駄なく活用することで、雇用創出も実現しました。ＮＰＯ法人などが森林療法や環境教育、ツアーなど森林利活用ビジネスのすそ野を広げ、３４００人が住む町に移住者も増えています。いずれは固定価格買取制度を利用して再生可能エネルギー事業にも乗り出したい意向です。

農山村再生や地域経済にとって再生可能エネルギーが大切なのは、何も固定価格買取制度を活用した事業だけではありません。固定価格買取制度では対象外となってしまう熱供給や小規模な発電もとても重要な観点です。小水力発電でも、固定価格買取制度では対象外となってしまっても、住民たちが水路で発電して加工所の電源としたり、外灯の電源としたりしている地域はたくさんあります。

地域ぐるみで太陽光発電を行い、収益向上と大規模な災害に備えて蓄電する取組みも少しずつ広がっています。固定価格買取制度で地域経済に恩恵がもたらされるだけでなく、停電した場合などの一定期間、電源にも活用できる取組みで、地域の災害時の安全保障につながる発電です。

兵庫県朝来市の10集落の住民でつくる「与布土地域自治協議会」は、児童数の減少で閉校になった小学校体育館の屋上に太陽光パネルを設置し、2015年から固定価格買取制度を利用して売電を始めました。パネルと当時に蓄電池も設置し、災害時、地域の避難所となる予定の体育館の電源を確保しています。

山に囲まれた与布土地域では、小学校の閉校を契機に、協議会が過疎高齢化が進む地域の存続問題について話し合いを重ねました。太陽光パネルと蓄電池設置の総費用2200万円のうち蓄電池は500万円程度で、体育館の数日間の電源が確保できる見通しです。県の助成500万円を活用し、残りの1700万円は無利子融資を受け、年間180万円の売電収入を見込みます。そのうち、年間50万円は協議会の活動費に充てる考えで、協議会の西山俊介さんは「地域活性化のために自由に使える活動費は貴重。自然災害が発生しライフラインが途絶えた時に、自分たちの生活を地域で守ることもできる」とそのメリットを話しています。

本節で紹介した地域は、いずれも話し合いを重ねて、再生可能エネルギーを地域経済の一部門として位置づけました。地域住民たちが主導で担うバイオマスや小水力利用には、発電までに時間がかかり、長期的な経営戦略、将来設計が欠かせません。地域リーダーの中には、固定価格買取制度の保証期間である20年が経つ時点では、１００歳を超えるような年齢の方もいます。それでも、地域の未来を見据えている点で共通しています。

地域を「諦めない」ための話し合いが、再生可能エネルギーに結びつきました。経済的な取り組みのベースには、地域内での未来に向けた話し合いの積み重ねこそが、重要なのだろうと思います。

注

(1)藻谷浩介・NHK広島取材班『里山資本主義』角川書店、２０１３年。
(2)藤山浩『田園回帰１％戦略――地元に人と仕事を取り戻す』農山漁村文化協会、２０１５年。
(3)前掲・小田切『農山村再生』。
(4)永田恵十郎『地域資源の国民的利用』農山漁村文化協会、１９８８年、第2章。
(5)実際に、２０１７年に同法は「農村地域への産業導入の促進等に関する法律（農村産業法）」に改正され、対象業種の大幅な拡大が行われた。
(6)環境省『環境白書・循環型社会白書・生物多様性白書』２０１５年度版、2頁。
(7)前掲・環境省『白書』54頁。
(8)前掲・藤山『田園回帰１％戦略』１４０頁。

(9)増田寛也・冨山和彦『地方消滅・創生戦略篇』中央公論新社、2015年。
(10)藤田佳久『日本の山村』地人書房、1981年、148頁。
(11)白水智『知られざる日本――山村の語る歴史世界』日本放送出版協会、2005年、33頁の記述による。
(12)伊藤洋志『ナリワイをつくる――人生を盗まれない働き方』東京書籍、2012年、27頁。
(13)農林水産省「小規模な木質バイオマス発電の推進について」2015年1月。

第5章　新しい人材づくり――農山村再生と「ひと」

(1) 移住者

1　田園回帰・農山村志向

本章では、地域における人材育成について取り上げます。「まち・ひと・しごと」の3要素のひとつである「ひと」づくりのポイントについて、(1) 移住者、(2) 地域リーダー、(3) 住民全体の底上げの重要性を、それぞれ紹介します。住民全体で地域づくり、人材育成を進める意味を現場の実践を交えて探っていきたいと思います。

全国各地で、都会からの移住、定住の動きが目に見える形で活発化しています。「定年帰農」という言葉は、都会から定年後に農山村に移住し、農業などに従事する潮流を示したものです。この「定年帰農」は1990年代に生まれた言葉です(1)。

それに対して、現在、農山村に向かう主役は、20~30代の若者が中心と言えるでしょう。農山村を志向する若者たちを中心とした新しいこの動きは「田園回帰」と言われ、政府が閣議決定した２０１４年度の「食料・農業・農村の動向（農業白書）」にも「田園回帰」の言葉が明記されています。今後10年の国づくりの指針となる国土形成計画（２０１５年8月閣議決定）でも国民の間で地方での生活を望む「田園回帰」の意識が高まっていると明確に位置づけられています。

移住・定住にとどまらず、幅広い意味で農山村と関わる、志向する人の流れを示す「田園回帰」を踏まえると、農山村は「老後をのんびりゆったりと暮らす場所」から、若者たちにとっては「生きがいを創出する場」になりつつあると言えるでしょう。田園回帰を志向する若い世代らは、「まち・ひと・しごと」の「ひと」を担う大きなキーワードになっていると考えます。

田園回帰の潮流をデータで紹介します。数字では表しにくいものですが、うねりとなっているのも確かな事実であり、ここ数年で複数のデータが積み重ねってきました。

明治大学、ＮＨＫと毎日新聞の合同調査によると、自治体が設ける移住相談窓口などを利用して地方に移住した人は、２０１４年度は1万１７３５人に上りました。２００９年度からの5年間で移住者は4倍以上増加しています。

さらに、内閣府が２００５年に実施した「都市と農山漁村の共生・対流に関する世論調査」と２０１4年度に実施した「農山漁村に関する世論調査」を比較検討すると、明らかに若い世代、特に子育て世代の田園回帰、つまり農村を志向する傾向が見えてきます。都市住民の農山漁村地域への定住願望についての調査によると、２００５年調査に比べ２０１４年調査では、30代の農山漁村への定住願望が17・０％から32・７％へ、40代では15・９％から35・０％へと大きく伸びています。

２０１７年２月に総務省「『田園回帰』に関する調査研究会」が公表した、東京都内や政令指定都市の20～64歳３１１６人を対象にしたインターネットによる調査では、農山漁村に移住してみたいとした回答は３割（「農山漁村地域に移住する予定がある」「いずれは農山漁村地域に移住したいと思う」＋「条件が合えば農山漁村地域に移住してみてもよいと思う」）に上りました。**図５－１**にあるように、特に若い層に移住を希望する傾向が高いということがわかりました。

移住したい理由には「気候や自然環境に恵まれている」が47％と最も多く、農山漁村地域が子育てに

図 5-1　農山漁村への移住に関する都市住民の意向調査

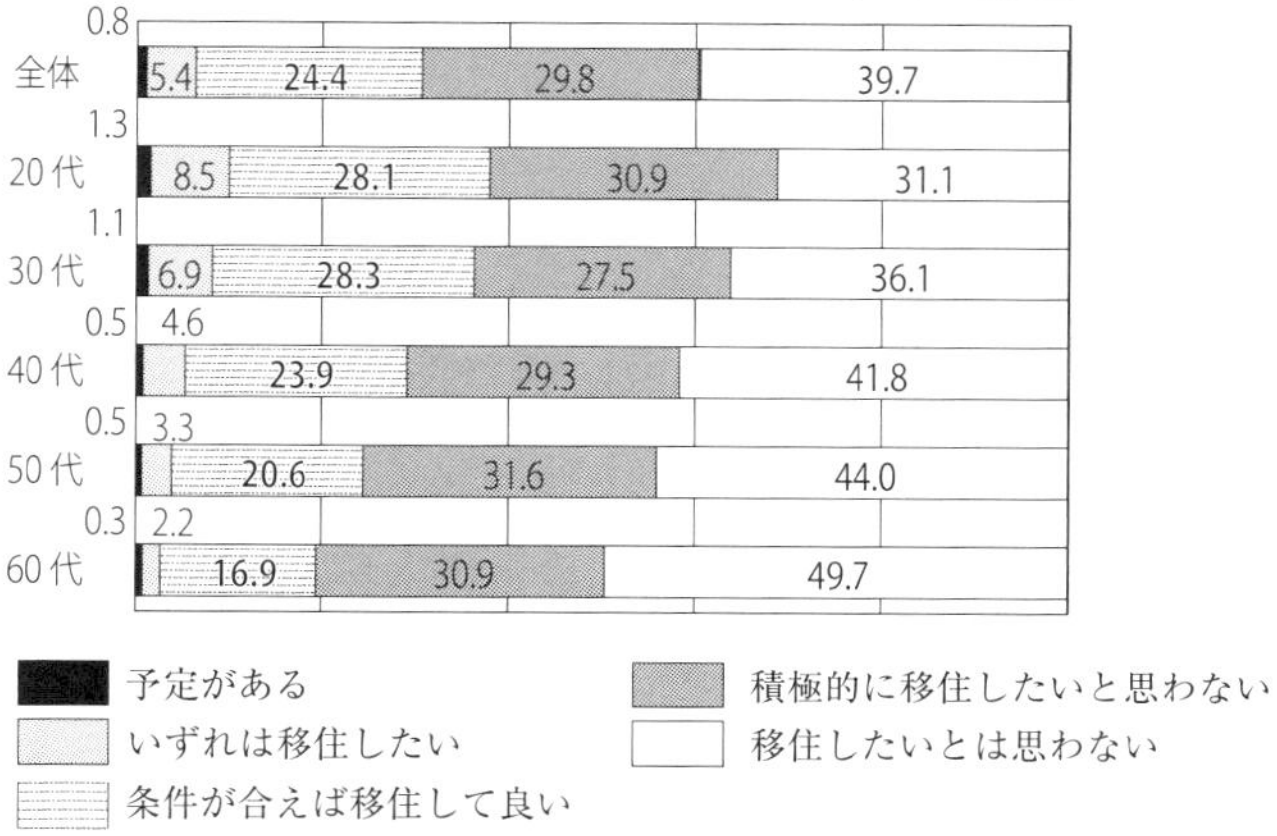

注：資料＝総務省「『田園回帰』に関する調査研究会」第２回研究会資料（2017年）より抜粋して作成。

適しているとした割合は23％で、若い世代ほど高い傾向にあります。農山漁村への移住の意向は、「条件が合えば移住してみてもよい」（24％）、「いずれは移住したい」（５％）、「移住する予定がある」（１％）で合わせて３割に上り、20代（38％）、30代（36％）の割合が高く、さらに移住希望がある人に移住のタイミングを聞いたところ、「条件が整えばすぐにでも」との回答が20％に上っています。

国土交通省によると、２０１４年に「人口の社会増」を実現した過疎の市町村は74（全過疎市町村の1割強）に上ります。過疎地域で社会増を実現した市町村が占める割合は微増傾向にあります。社会増を実現した自治体を取材すると「若者が移住し、およそ50年ぶりに社会増になった」、「ここ数年は子育て世代の移住施策が奏効している」などと若者の移住が鍵になっていると分析しています。日本を全体的に見ると東京に人口が移動する傾向は続いていても、一方で過疎地での人口の社会増が一部ですが、広がってきました。

また国交省と総務省が２０１６年に公表した過疎地域等条件不利地域における集落の現況把握調査では、全国の過疎集落のうち過去５年で転入者がいた集落は３万２８７カ所で、全集落の４割を占めます。転入状況を把握していない集落を除けば全体の８割の過疎集落で転入者がいたことが明らかになっています。総務省が過疎地の人口動態を調べたところ、他の世代は減っているものの、若い世代が過疎地に流入している傾向がうかがえ、転入と転出を差し引いた人口の純移動率を旧市町村単位で見ると、２０１０年から２０１５年にかけて若い世代が増加した過疎地域の割合は52％にも上り、２０００年から２

００５年にかけての47％から増加に転じました。２０１０年から２０１５年にかけて若い世代が50％以上も増えた地域も77に上っています。

ふるさと回帰支援センターの移住相談件数も年々増加しています。２０１６年は、２０１５年の２万１５８４件から２万６４２６件へ22・４％も増加しました。２０１７年は初めて来場者数が３万件を超え、20～40代が中心（７割）を占めています。

さまざまなデータが積み重なっている上に、画期的な調査研究を「一般社団法人持続可能な地域社会総合研究所」が実施しています。同研究所の所長である藤山浩氏が農山村の地域分析を実施したところ、離島や山間部で人口の取り戻しが起きていることが明らかになりました。過疎指定の７９７市町村の２０１０年と２０１５年を比べた人口動態と人口予測では、２０１０年の０～64歳と２０１５年の５～69歳の人口数を比較すると、実質社会増を実現した市町村は11・７％に上りました。さらに、41％の３２７市町村で、２０１０年に比べて２０１５年には30

図 5-2　地域おこし協力隊の推移

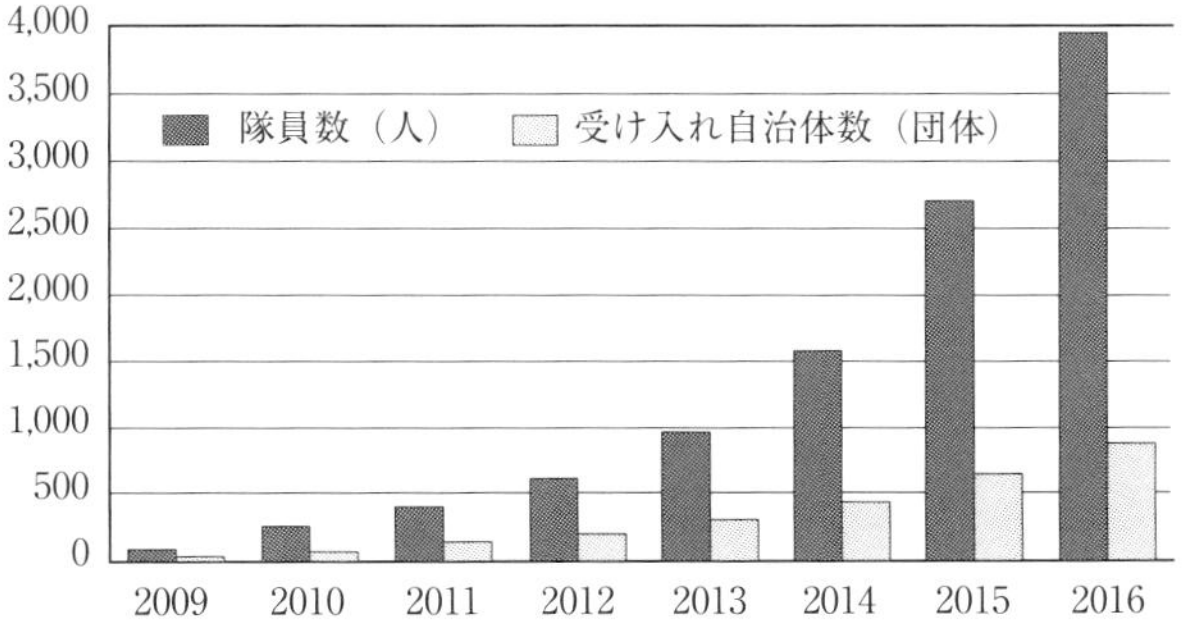

注：資料＝総務省地域自立応援課資料（2017）より作成。

代女性の数が増加していることも判明しています。

総務省が2009年度に創設した「地域おこし協力隊」は、移住の流れを大きく後押ししました。図5―2に増加の流れを示しています。2016年度は3978人と政府目標の4000人は目前です。受け入れ自治体も886と年々増加しています。地域おこし協力隊は総務省の制度に則った事業であり、その制度をうまく活用できるかは各自治体や受け入れ地域、当該の隊員らがその鍵を握っています。

現在、地域おこし協力隊員が地域のリーダーらとともに特産品づくりや交通対策など地域づくりに奮闘していることで、移住を見据える若者たちの参考にも刺激にもなっています。地域も若者の受け入れに慣れ、次の移住者を生むという好循環も生まれてきつつあります。

2　地域にとっての移住者の意味

田園回帰は、地域にとっては移住者という人材獲得の大きなチャンスを意味します。しかし、なぜ移住者が必要なのか、そのことを深く話し合わないままに、移住者を受け入れている地域が現状では多いように思えます。その地域をどう運営していくのか、どんな将来像を描いているのか、そうした話し合いが欠如したまま、「役場の方針だから」として頭数を確保しようと懸命になる地域も見受けられます。

ここでは、田園回帰が数字で把握できつつある中で、移住者の「数」にとらわれる問題点を考えてみましょう。移住者数だけにこだわれば、結果的に移住者の奪い合いや競争につながっていきます。移住者の数を目標とするのではなく、どれだけ地域に関わる若者、移住者を受け入れ、ともに地域づくりを進めていくかが、田園回帰の鍵を握っているのではないでしょうか。

農山村の現場を取材していると、移住者の数の多さにこだわらず、1人ひとりの若者を大切に考えて受け入れている地域に、自然と移住者数が増える「結果」が出ているように思えます。田園回帰は単なる都会から地方への引越しではありません。引越しの数をいくら増やしても、農山村再生とは言えません。仕事と生活がつながっていて、地域との関わりが深い農山村の価値を感じて地域づくりに関わろうとする若者とどう関わっていくかが、今、問われています。

「自然豊かな農山村で子育てをしたい」、「都会では隣に住む人が誰かもわからないけれど、田舎の人は温かく受け入れてくれる」など、若者が地方に向かう理由は、それぞれ異なります。これまで取材した若者に聞くと、コミュニティや人、自然環境の魅力を理由に挙げている人が多かったように思えます。ただ、若者が入っている現場からは「人が人を呼ぶ」好循環が生まれていることが共通しています。

そのような「人が人を呼ぶ」現場を紹介します。

富山県朝日町の笹川集落は、住民たちが人口減少で「このままでは集落がなくなる」と危機感を持ったことをきっかけに、移住者の呼び込みを始めました。40年前に比べて3分の1に人口が落ち込んだことから、特産品開発や情報発信、景観保持など自らの手で集落の課題解決に乗り出すプロジェクトチームを結成し、若者の移住受け入れを始めたのです。

まず、移住者受け入れのために、古民家を改築し、地域に根差した文化や風習の体験や住民と会話ができる、「ふるさと移住交流体験施設　ささ郷　ほたる交流館」を整備しました。それから、移住する前に、住民と移住者双方がしっかりと話し合い、移住者は盆踊りに事前に参加し、互いを知り合ってから移住を決めるなど、自分たちで受け入れの仕組みをつくり上げていきました。

話し合いと実践を積み重ねた結果、笹川地区は毎年1組の子育て家族を受け入れ、移住者は運動会や祭りなど地域の行事に積極的に参加し、草刈りやイノシシ被害をなくすための電気柵の設置などを以前からの住民とともに行っています。笹川地区の移住者を受け入れようとするその過程に、集落再生の道筋が見えてきます[2]。

集落のリーダー、小林茂和さんはこう指摘しています。

> 1人でも多くの若い移住者に選んでもらおうとしのぎを削り合っていると、地域は疲弊する。移住者数を増やすことだけにとらわれていたら、地域づくりは失敗する。補助金の多寡など移住の好条件を求めて居住場所を探す若者は、定住にはつながらないし、本当の意味で集落の住民にはならない。移住者を受け入れても、地域住民や移住者が幸せにならなければ意味がない。移住者をどれだけ増やしたのかということが結果なのではない。お互いに幸せになり、地域が持続可能に維持できるように、移住者の受け入れを続けていきたい。

小林さんの言葉や笹川地区の実践からもわかるように、「数」ではなく、移住者がなぜ必要なのかという意味を考えたうえでの移住者の呼び込みは、地域づくりそのものです。

若者は地域にこれまでなかった発想、アイデアを持ち、農山村に新たな可能性を見出す人材になりうる存在です。ただ、移住者、地域おこし協力隊などの活躍がマスメディアなどで強調して報道されると、「地域を救うスーパーマン」と住民から誤解されることもあります。若者は、過疎地の労働不足を補う単なるオペーレーターでも労働力でもありません。過剰な期待を寄せずに、ともに地域づくりを担うパートナーとして受け入れ、互いに歩み寄ることが、大切なのだと思います。

若者が農山村で起業するときや、何かを始めようとするとき、場所や資源の活用、資金の運用において、住民の協力や理解が重要です。1人で決めてビジネスを起こせる都会とはまったく異なります。「まち」、「ひと」、「しごと」がどれもつながっている農山村では、「ひと」づくりが「まち」、「しごと」づくりとも言えるでしょう。地域側にとっても、移住者側にとっても、移住者と地元住民が手を携えること、つながり合うことが大切なポイントです。この「つながりあう」態勢を築くためにも、まずは、地域にとって移住者を受け入れる意味を地域ぐるみで話し合うことが、重要なのだということを指摘しておきたいと思います。

3　活発化する移住者支援

東京駅徒歩4分という好立地の場所に、2015年春にオープンした総務省主管の「移住・交流情報ガーデン」があります。また、JR有楽町駅前には、ふるさと回帰支援センターもあります。この2施設は地方暮らしをサポートする機能をもちます。ここへ行くと、移住者相談がとても充実していることがよくわかります。移住を呼びかける全国の自治体のパンフレットを手に入れることができ、そのパンフレットは写真やイラストを駆使し、先輩移住者の声や仕事、住まいのあっせんなど趣向を凝らしたカラフルなものが目立ちます。

一般社団法人移住・交流推進機構が2017年7月に公表した調査によると、全国の自治体が設けている移住支援施策は2017年で9960施策で、その数は年々増えています。「幼稚園完全無償」、「18歳までの医療費無償」、「20年住むと住宅を無償譲渡」、「起業家に1000万円補助」など、今、各自治体は「地方創生」の掛け声のもと、定住に向けた奨励金制度、住居の提供、子育てや通勤支援など移住者向けの〝特典〟を数多く揃え、移住者の誘致合戦を繰り広げています。

各地の移住者を増やそうとする姿勢は地域づくりへの積極的な姿勢と言えますが、農山村への移住は、一過性の問題ではありません。目先の損得で移住先を選ぶのではなく、特典の有無にかかわらず、「この地域をともに築こう」という姿勢と覚悟が移住者にも、受け入れ側の地域にも必要です。

ここまで移住者の「数」にこだわる問題点を指摘しました。移住者向けの支援策を設けることが悪いわけではありません。移住者にとってみれば、移住には資金、仕事の確保、地域に馴染むことなどさまざまなハードルがあり、いかにその壁を取り除くか、ハードルを低くするかは、行政も考えなければならない点です。

ただ、移住者の受け入れが活発な地域に行くと、〝特典〟ではない面で移住者を引き寄せていることに気付きます。前述した「人が人を呼ぶ」好循環が起きている地域です。

高知市北東部の土佐山地区（旧土佐山村）を紹介します。土佐山地区では、移住者６人と住民を中心に、２０１２年にＮＰＯ法人「土佐山アカデミー」が立ち上がりました。土佐山アカデミーは移住者、住民がともに理事に名を連ね、地域づくりを進めています。「学びの場づくりから始まる持続的な地域のモデル」を目指して活動しています。

土佐山は明治時代の自由民権運動から続く「夜学会」の精神が根づいていることが、大きな特徴です。「夜学会」とは、夜間に開かれる学校の通称です。土佐山アカデミーによると、明治時代、自由民権運動から「夜学会」を通じ地域全体で学ぶという精神が代々受け継がれている地域だといいます。「夜学会」にあらわれる地域性を生かし、土佐山アカデミーは、長年地域で育み受け継いできた「ひとづくり」を担うために組織されたのです。

土佐山アカデミーは、数々の農山村での「学び」を交流事業として、さまざまなツアーや講座を企画しています。住民にとって当たり前だった山仕事や農山村での暮らし、営みが、都市住民にとって「学び」となる――企画にはそんな意図を感じます。**図５―３**に記した土佐山アカデミーの事業の内容は、農山村で持続的な暮らしを続けられる社会の在り方を考え、行動する人材育成を目標としています。

具体的な講座の内容はさまざまですが、共通するのは、徹底して地域の資源を活用している点です。たとえば耕作放棄地を開墾して畑に戻すプログラムや加工品作り、生活道具作りなどです。このほか、過疎化の進む中山間地域や離島などで、新たな事業や仕事を生み出す起業家を育成するプログラムもあります。味噌作りや竹林の活用方法などを学ぶツアーや体験を年間通じて用意しています。間伐材や特産のユズ、清流から、農家の知恵や技術までどれも、地域に根差した暮らしやそこに住み続けてきた住民を尊び、生かそうという内容です。最近では、企業や自治体からの職員研修の依頼も増えているようですが、どの事業の目的も共通しているのは、「地方が抱える課題を資源に転換できる人材の輩出」であり、定住者を増やすことを主眼に置いていないことです。

「土佐山アカデミー」の講座を受けたいと希望する人は、各地の農山村への移住を希望する若者たちが中心です。人口１０００人の中山間地域に訪れる若者は年間およそ１０００人。一過性の観光ではなく、農山村の魅力をじっくり

図5-3　高知市「土佐山アカデミー」の事業内容

注：資料＝土佐山アカデミー資料（2017年）より作成

と学ぼうとする参加者が中心です。中には土佐山アカデミーの精神に共感し、講座に参加し、そのまま移住する若者もいます。

「土佐山アカデミー」の理事、山本堪さんは、30歳になったのを契機に欧州から妻と地域に移り住みました。もともと高知県の別の地域出身で、欧州ではデザインや美術などを学んでいましたが、幼少より慣れ親しんだ高知の中山間地域に日本の将来性を感じて移住を決断しました。現在は地域の消防団に属し忘年会などの行事や住民との付き合いを大切にしながら、土佐山の自然などを資源とする新しい発想でさまざまな事業を展開しています。

山本さんは「移住者だけでは地域づくりはできない。住民に支えられ、集落に人を呼び込み自らの仕事をつくり地域づくりにつなげている。農山村交流が中山間地のこれからをつくる。農村は可能性に満ちている。所得面でもまだまだ伸ばすことができるはず」と話しています。

土佐山アカデミーの移住者らを住民は快く歓迎し、地域をともに作るパートナーだと認識しています。農家で土佐山アカデミー理事長も務める高橋幹博さんは「移住者はよそ者ではない。地域を一緒に守り歩んでいく存在で、移住者とともに地域を開いていかなければ、将来はない」と考えています。

土佐山アカデミーは、次の１００年のために、新たな出会いやアイデアを生み出す学びの場を目指しているため、移住者の頭数を増やすことを目的としていません。土佐山は、地域をともに担おうとする人材を受け入れる度量と風土を持っているように感じました。移住者と地域住民がともに協力して、摩擦を減らす配慮を双方がして歩み寄ることが地域に活力を生む基盤になります。人材育成はよく「人財育成」と表現されます。人が「財産」の意味を持つこの言葉は、土佐山アカデミーにぴったりだと思います。

新しい発想を持ちながらも、農山村に根づいてきた長年の文化や歴史、資源を活かしながら、人財育成を進める土佐山アカデミーの試みは、移住者とともに築いていく「ひと」づくりの大きな方向性を示しています。

（2）地域リーダー

地域に対する明確なビジョンを持ち、長期的な視点で住民と合意形成を進めながら地域づくりをする地域リーダーが全国にいます。撤退したガソリンスタンドやコンビニエンスストアを地域で引き続いて運営したり、地域資源を生かして新たな特産品を開発したりといったまちづくりを進める地域を訪れると、住民をまとめる自治会長や住民リーダーが力を発揮しているケースを目にします。リーダーがいるかどうかは、その地域の大きな財産と言ってもよいでしょう。

取材すると、こうした住民リーダーに共通しているのは、独自に決定したり自分の理想像に向かって突き進んだりする強引なタイプではなく、移住者や外部人材、行政との調整をうまく進めながら、住民の議論をうまく巻き起こす人材であることに気づきます。「お互い様」やおすそ分けの文化が色濃く残る農山村では、トップダウンで強烈なリーダーシップを発揮するのではなく、住民の信頼を得ながらゆっくり前に進み、住民の考え、意見を吸い上げて全体をまとめていくボトムアップのリーダーが求められているからなのだと思います。リーダーの育成の鍵はもちろん一言で書き表すことはできず、リーダーに過剰な負担が生じている地域も多くあるのが実態です。

現場から、ヒントを探りたいと思います。地域づくりのモデルケースとしてよく取り上げられる山形県川西町の吉島地区。この地区には、全700超の世帯が加入するまちづくりのNPO法人「きらりよしじまネットワーク」があります。町内自治会が連携し、役場が窓口をしていた防犯協会や社会福祉協議会など5つの団体の会計や、体制を担う組織で、2007年に誕生しました。

「きらりよしじまネット」は現在、放課後の児童を受け入れる学童保育やスポーツジムの運営、産直市、自主防災組織など、なんと、50以上にも上る活動を運営しています。取組み事業は自主防災組織事業、介護予防と生涯学習事業、地産地消交流事業、地域環境保全運動、子育て支援・青少年健全育成事業、講習会・研修会、地域のスポーツ拠点づくり、地域まつり活性事業と多角的で、事業ごとに住民でつくる事務局がメンバーとなって企画・運営をしています。18歳以上になると、自治会からの推薦を受けて、きらりよしじまネットの地域活動に参加するなど、若者をはじめ多くの住民が地域づくりに参加する仕組みを体系化しているのも特徴と言えるでしょう。住民参加のワークショップを定期的に行い、事業を企画していることから、通常なら地域で発言権が限られる若者や女性でも、しっかりと意見を言える場が整っています。

きらりよしじまネットのリーダーは事務局長を務める高橋由和さんです。地域の合意形成でポイントとなるのは、高橋さんがリーダーシップを発揮するのではなく、各事業グループが話し合いを重ね、決定する仕組みにあります。現場に行くと高橋さんがよい意味で「目立たない」存在なのです。リーダーがトップダウンで仕組みをつくるのではなく、若者に活躍の場を多く創出しながら、多様な事業を運営しているのが、きらりよしじまネットの大きな特徴です。

きらりよしじまネットの発足は、人口減に伴う町の財政問題や後継者不足に危機感を持った高橋さんら住民有志が話し合い、全戸にまちづくりの組織化について働きかけたことがきっかけです。思いを共有した地区全戸が出資した組織が誕生し、今ではＮＰＯ法人の事務局や学童保育の指導員など地域住民の雇用の受け皿にもつながっています。高橋さんは「ＮＰＯ法人が地域と住民の課題解決につながる需要をつなげたことで仕事が生まれた。行政依存から脱却する意識が芽生え、事業は助け合いの精神を基本としながらも、ビジネスとして成り立っている」と成果を語っていました。

法人が経営する学童保育のほか、公民館の管理、高齢者向けの再チャレンジ塾、スポーツクラブ、女性起業支援、ごみ回収など、若者をスタッフに引き込んで次々と生み出す新たな事業は、雇用の創出にもなり、大きな収入確保につながっています。

高橋さんは地域のリーダーではありますが、1人では抱え込まず、情報交換に特に力を入れています。このため、高橋さんがいなくても法人運営が成り立つのです。事務局の若手メンバーらに事業を任せ、Iターン、Uターンの人々らと自身も交流しながら、住民と移住者の交流の場面を数多く作っています。国・県・町の補助事業に精通し、活用できる助成金を利用し運営を成り立たせているのも、地域の〝経営者〟とされる理由の1つです。

高橋さんは「地域のさまざまな組織が連携することが、課題を解決する1つの答えになる。地域づくりには経営の視点が必要だ」と指摘しています。事業を生み出し、若手後継者の発掘に取り組む姿勢は、地域リーダーのあるべき姿と重なります。

「地域にリーダーがいない」、「リーダーに負担が集中する」という課題は、多くの地域の悩みでしょう。リーダーのあるべき姿は、現状を諦めずに、住民と負担や悩みを分かち合うことや、課題の話し合いをすることが最初の一歩ではないでしょうか。高橋さんは、話し合いを非常に重要視しています。住民や行政などとの対話があってこそ、「きらりよしじまネット」の仕組みが確立していきました。成果はすぐには出ないのが、地域づくり、人材育成の特徴です。しかし、人が育つ現場にはコミュニケーションがあります。まずは、対話の場づくりを模索することから始めることが、地域リーダーに求められていると思います。

（3）住民全体の底上げ

1　当事者意識の重要性と現状の課題

地域をつくっていく人とは、移住者、行政職員、地域リーダーら特定の誰かだけではなく、住民全体です。住民の中に、地域に対する当事者意識をどう掘り起こしていくかが、地域づくりの大きなキーワードになると考えます。ただ、住民全体の当事者意識が農山村再生には欠かせないと言っても、その醸成は一朝一夕にできるわけではありません。

これまで筆者が訪れた地域の中には、行政と住民の温度差や、外部人材と住民の温度差を感じる場合もありました。たとえば、自治会長や住民リーダーらに町が推進する移住交流事業について聞いても「あれは町役場が勝手にやっていることで、自分たちには関係ない」との認識だったり、地域おこし協力隊の受け入れも「行政が雇用している」として、自治会長ですら「協力隊が何をしているのかもわからない」と話したりするケースもありました。

これから自分たちの暮らしをどう続けていくのか、そのためには何が必要なのか、移住者とどう関わっていけばよいのかといった地域の問題を住民がともに考えていきそれを積み重ねていく、話し合いに時間をかけることは、地域づくりそのものです。

地域活性化として、グリーンツーリズムや特産品の開発、移住者の受け入れなどの事業にいきなり着手するのではなく、住民の当事者意識をまずは育むことが、その出発点となると思います。どうすれば当事者意識を住民で共有し、多少の温度差はあっても、主体的に地域活動に参画できる仕組みがつくれるのか――。その鍵を握るのが、ワークショップだと思います。その意義やポイントの詳細は終章で詳述しますが、人材としてみた住民全体の底上げとして、この章でもワークショップに触れてみます。

ワークショップとは一方通行で知識や考えを発信するのではなく、さまざまな立場の人々が集まって、参加者全員が同じ土俵で自由に意見を出し合い、お互いの考えを尊重しながら、提案をまとめ上げていく議論の方式を指します。

たとえば専門家、行政、自治会長、住民、ＪＡ組合長といった立場の異なる人で構成されたグループをつくり、それぞれで「10年後の地域をどうしたいか」というテーマで自由に議論を進めます。そこから生まれたアイデア、意見を１つずつ付箋に記し、大きな紙に貼り付けていきます。そうして議論が大詰めを迎える頃には目指す地域の姿が、紙の上で具体的に「見える化」されるといったようなものです。具体化することも重要な目的ですが、ワークショップの積み重ねにより、１人ひとりが地域の存続に危機感を共有し、地域づくりへの意識を高め当事者意識を育むことにつながります。このワークショップは最近、各地域やＪＡなどでも広がってきました。

弘前大学の平井太郎氏（社会学）は「ワークショップとは日常の暮らしや営みの延長」(3)と定義し、地域づくりの中でのワークショップの重要性を主張しています。平井氏は、ワークショップそのものではなく、ワークショップを積み重ねることで育まれる「体験の共有」が重要であると強調し「ワークショップに完成形やフォーマットなどありません。あとから反省し、やり直しをしたり、その場その場で模索していけばいいのです」と解説しています。この平井氏の言う「体験の共有」は、ボトムアップ型の地域づくりと言い換えることができるでしょう。

この「ボトムアップ型の地域づくり」に対し、政府の地方創生の進め方は、逆の方向から進んでいるように見えます。第2章でも触れたように「トップダウン」、「時間を区切る」、「数字を重視」することに、政府の地方創生の特徴があるように思えます。しかし、ひとづくりや住民全体の底上げは「時間を区切って」できるものではありません。その地域の状況ごとにひとづくりの「段階」があり、たとえば多くの人が集まって話し合いの場を設けることが難しい地域もあります。話し合いをする仕組みはすでにあり、多世代の住民が交流している土壌がある地域もあります。地域リーダーや若者が多くいる地域も、そうでない地域もあります。

住民の当事者意識を高めていくためには、地域の段階を踏まえながら、急ごしらえで結論や成果を求めるのではなく、地域の多様な層とまずは関わってみる、声を聞いてみることにポイントがあるのだと思います。

2　公民館再生の動き

次に、人材育成の中で、公民館が果たす役割に注目したいと思います。まず、公民館の過去と現状を簡単に紹介します。

文部科学省は、公民館を「地域住民にとって最も身近な学習拠点というだけでなく、交流の場として重要な役割を果たしている」と位置づけています。ただ、公民館の活動は実際、下火傾向にあると言えるでしょう。文科省によると、1999年には全国に1万8257あった公民館は、2011年10月には3500以上減って1万4681になりました。

公民館は1946年に文部省が次官通牒を発して提唱されたことをきっかけに設置が進みました。この提唱から、戦後の日本の再建を視野に各地で急速に公民館が設置されたのです。施設整備に対し国が補助金を出すなどして後押しし、1955年には一気に全国3万5000を超える公民館が設置されました。

一時は地域住民が集い、ともに学ぶ場として大きな役割を果たしていました。しかし、近年では他にカルチャーセンターやコミュニティ施設など他の施設が増えたり、人口減少で役員の担い手や活動参加者が少なかったりといった地域の状況を背景に、公民館活動は衰退しているというイメージを持つ人も多いでしょう。最近では、教養講座の開催や貸し会議室が主な役割となってしまっているような公民館も見受けられます。

ただ、公民館はその公的な性格から多世代の住民が集まりやすく、多様な組織が連携しやすい場所です。そうした面で、地方創生の「ひとづくり」に適した場所とも言えるでしょう。

公民館は、第4章で詳述した地域運営組織とも親和性が非常に高い存在です。たとえば島根県雲南市では、公民館が基盤となった地域自主組織が地域づくりを担っています。雲南市の山間部にある掛合町波多地区の住民全戸でつくる「波多コミュニティ協議会」は全日本食品チェーンに加入し、スーパーの運営に乗り出しています。地区に唯一あった個人商店が撤退したことを受け、店舗開設に向けて住民が議論を重ね、全国展開する全日本食品と連携し、商品を安定的に確保する経営の仕組みを築いて運営しています。雲南市では住民リーダーや、女性、若者、子どもたちが集まって地域の祭りやイベントを企画したり講座を開いたりといった公民館活動を長年続けてきました。協議会のリーダーである山中満寿夫さんは「公民館は常に地域の中心にあった。住民同士が気軽に話せる土台がもともとこの地域にはあったから、スーパー運営にも挑戦できた」と話しています。

公民館は住民全体が参加し、主体的になる議論を進めやすいため、例えばワークショップの開催にもうってつけです。人と人をつなぐ場所と言えるでしょう。

文科省も公民館の再生、地方創生での役割発揮に期待し、公民館に関連する「学びによる地域力活性化プログラム普及・啓発事業」などで、公民館で地域課題の解決を実施する自治体を支援する事業に取り組んできました。

東京大学の牧野篤氏（社会教育学）は公民館の歴史を振り返る中で、公民館構想を提案した立役者である当時の文部省公民教育課長の見解として「公民館は住民たちがみずからのふるさとである街や村を再建して経営していくための拠点」と紹介しています。公民館は、住民が新しい社会をつくるために民主主義の勉強をしたり、討論したりする場であり、まちおこし、産業振興のための機関であり、さらに次世代を育成するための拠点だとも位置づけられていたとも解説しています。そのうえで、住民の当事者意識を醸成することが住民自治の基本であり、その当事者意識をつくるうえで公民館の役割が重要であると見ています(4)。

現在、公民館は数としては減っていますが、牧野氏が言う「公民館をなくしていくという議論ではなく、むしろ公民館がめざしていた機能をもっと地域社会の中に展開していくことで、公民館が組み換えられて、またコミュニティが公民館みたいになっていくとか、そういうイメージでとらえたほうがいいのではないか」という課題提起は大変重要だと思います。雲南市でも、公民館の形は大きく変わりましたが、基盤にあるのは公民館を地域が活用していた頃からの流れでした。

ひとづくりのモデルになる公民館があります。和歌山県田辺市上秋津地区の住民組織「秋津野塾」は、公民館を人材育成の場と位置づけ住民自治を進めています。秋津野塾はＪＡ紀南上秋津支所や消防団、直売所、町内会、学校など地域にあるすべての団体が加盟して発足した、地域づくりを協議する組織です。そしてこの事務局を担うのは、公民館です。つまり、地域づくりの核に公民館が据えられているのです。

秋津野塾で議論を重ねた結果、住民出資の直売所や農家レストランなど廃校を活かした「秋津野ガルテン」を発足するなど、公民館での議論を出発点とした地域ビジネスが次々と生まれています。公民館が下支えとなり農業振興を実践している地域と言えるでしょう。公民館という地域の中核組織が事務局を担うことで、組織同士顔の見える関係が築け、多くの住民の幅広い合意を得ながら地域づくりに必要な意思決定ができるようになっています。公民館で何度も議論を重ねることで、住民1人ひとりが、地域の課題を共有しやすく、意見を発信しやすくなり、結果的に地域力を高めることができていると感じました。

かつて公民館長を務めていた果樹農家の経営者は「公民館は人が学び地域づくりを支える場。公民館は地域の公的な組織なので、いろいろな人の意見を取りまとめやすい。小学生、中学生ら子どもから大学生、子育て中の女性や会社員、高齢者、農家や企業の経営者たち、たくさんの人が集う場で地域の課題も見えやすく、議論もしやすい。公民館が秋津野塾の事務局を務めたから、今の秋津野がある」と強調しています。秋津野塾は大学と連携して地域の将来展望を議論するワークショップを公民館で重ね、今後10年の地域づくりの指針とする「マスタープラン」も作成しています。

長年、公民館長を務め、現在は農業法人「秋津野」の代表を務める玉井常貴さんは「地域の課題は行政が見つけるものでも解決するものでもなく、住民自身が気づき、解決していく必要がある。公民館はそのための人材育成の場所で、地域の元気を生み出す場所。マスタープランは、地域の将来をどうするのか、どうしたいのか、そのためにどうすればよいのかを具体的に協議していくために欠かせない」と指摘しています。秋津野塾のマスタープランは長期的な視野で課題解決の指針を打ち立てたもので、ボトムアップ型、住民が主体で策定された地域計画と言えるでしょう。

秋津野の取組みは公民館活動が下火になった地域にも大いに参考になります。公民館はなくなっても、公民館が持っていた役割を再考した場づくり、地域の計画づくりが、住民全体の「人材育成」につながっていくと考えます。

（4）人材づくりのポイント――多様な組織の連携から

ひとづくりには、移住者受け入れ、地域リーダー育成、住民全体の参加意識・主体性などが総合的に求められます。各自治体は「地域づくり」として移住者数を増やすことに力を入れていますが、繰り返すように、移住者の頭数だけ増やしても意味がありません。移住者が定着するためにも、行政とのパイプ役となり移住者の相談相手となる信頼できる地域リーダーの存在や、住民全体で移住者を受け入れようとする意識が欠かせません。さらに、仮に移住者が定住せずに都会や別の地域に帰っても、その地域に欠かせない応援団になったり、その地域に住んでいる間に地域に多くの効果をもたらしてくれる存在になったりしているケースは少なくありません。地域と多様に関わる「関係人口」も注目されています。さまざまな場面、段階において、人材育成の重要性は、多くの人が実感していることと思います。「ひとづくり」は難しく考えがちですが、前述した公民館やワークショップなど、さまざまな場面、場所での積み重ねが大切なのだろうと思います。

例えば、国交省が立案した政策「小さな拠点」も、ひとづくりの役割を果たす場所になります。小さな拠点とは、小学校区など、複数の集落が集まる基礎的な生活圏の中で、商店や診療所といった分散している生活サービスや地域活動の場をつなぎ、各集落とコミュニティバスなどで結んで、人やモノ、サービスの循環を図ることで、生活を支える新しい地域運営の仕組みをつくろうとする取組みです。人々が集い、交流する機会が広がっていく、新しい集落地域の再生を目指すもので、国土のマスタープランといえる国土形成計画にも位置づけられ、多くの中山間地域で推進されています。第3章で詳述している高知県など、実際に小さな拠点づくりを進めている地域（高知県の場合は集落活動センター）では、新たな雇用の創出の場や地域の担い手を育成する場になっています。

小さな拠点にしても、公民館にしても、ワークショップにしても、多様な組織が連携し、住民が交流し議論を深める場の設定そのものが、ひとづくりの大きな一歩になると言えるのではないでしょうか。人材育成の特効薬はないことは誰もが実感していることと思います。

どの産業も人材育成は共通の喫緊の課題です。人材育成に向けた実践的なノウハウやポイントなどは、多くの関係者がすでに指摘しているところです。農山村では「急ごしらえ」の施策による数値目標の追求ではなく、地域内のいろいろな人が連携し、外部の人材とも交流する過程や話し合いの中に、人材育成の鍵が隠れているのだと考えます。

注

（1）現代農業増刊『定年帰農――6万人の人生二毛作』農山漁村文化協会、1998年2月。
（2）浜松聖樹『消えてたまるか！――朝日町　記者の役場体験記』北日本新聞社、2017年。
（3）平井太郎『ふだん着の地域づくりワークショップ――根をもつことと翼をもつこと』筑波書房、2017年。
（4）牧野篤・小田切徳美「（対談）公民館を地方創生の舞台に」『月刊公民館』2017年8月。

第6章　地方創生に逆行する学校統合

（1）学校統合とその背景

1　小中学校数減少の流れ

本章では、地方創生の進行下における、学校、特に公立の小中学校について考察します。最近、各種メディアの報道で小中学校の統廃合に関わる話題が取り上げられるケースが増えています。農山村の小中学校は、教育の場であると同時に地域の拠点でもあります。それが、この地方創生の時代になぜなくなっていくのか、それに伴い、どのような問題点があるのか、各地の取材により探っていきます。

まず、小中学校の数を確認しましょう。2014年時点で、全国で小学校は2万852校、中学校は1万557校あります。1985年には、小学校2万5040校、中学校1万1131校がありましたので、とりわけ小学校はこの30年間で5000校近くも消えました（文部科学省調べ）。近年では、小中学校合わせて毎年400校前後が廃校となっています。

この推移を、市町村数や総合農協（ＪＡ）と比べてみましょう（**図６－１**）。地域からまず消えたのが農協でした。その後、市町村は「平成の市町村合併」を機に２００５年前後に急減しています。総合農協は30年間で２割以下に減り、市町村数もおよそ半分になりました。それらと比べて、小中学校の減少は、なだらかだと言えますが、しかしよく見てみると、少なくとも市町村数の減少より早く始まっています。つまり、小学校の減少には歴史があるということです。

振り返ってみれば、１９５０年代のいわゆる「昭和の市町村合併」時には、それに伴う学校統合が進み（第1期）、さらにその後の高度成長期の過疎化によっても学校の統廃合は問題になりました（第2期）。したがって、２０００年前後から始まった学校統廃合の流れは第3期と言えます。

しかし、この第3期にも実は特別な要因があります。

図 6-1　各種団体数の推移（1985 年～2014 年、1985＝100）

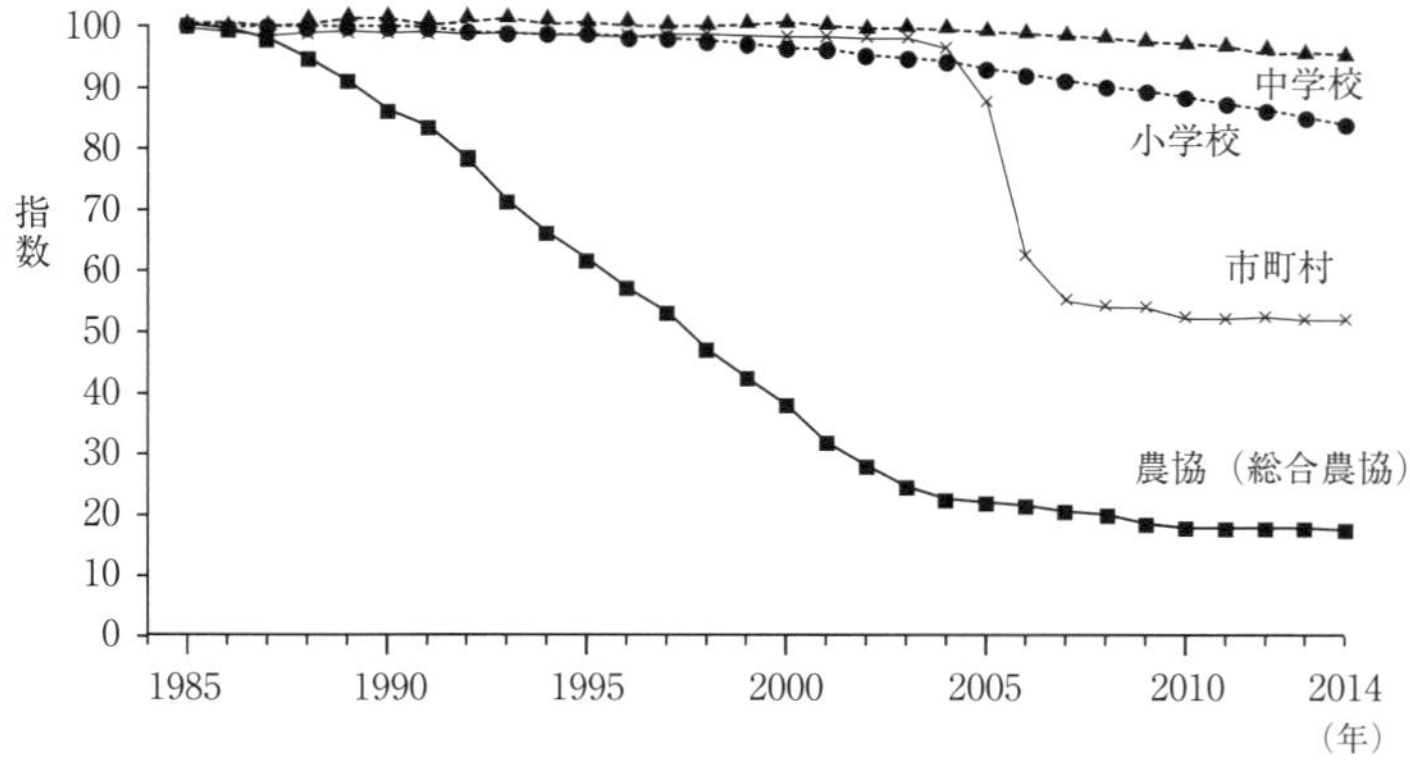

注：資料＝総務省、文部科学省、農林水産省の資料より作成。

それは校舎の耐震基準をめぐる建て替えに伴う統廃合です。国は、学校施設について、新耐震基準が施行された1981年以前に建築された学校施設について早急に耐震化を推進することを市町村に要請していました。2001年度に消防庁や内閣府が行った耐震化調査や、定期的に文科省が行っている全国公立学校施設の耐震改修状況の緊急調査でも、学校の耐震化に課題があることがわかっています。その結果、校舎の建て直しに伴う廃校が進みました。さらに、2011年の東日本大震災の発生でその傾向は加速しています。こうしたことが、学校数の減少に影響しています。さらに、別の特殊要因として、ごく最近では、小中一貫化による統廃合が目立つようになっています。2016年4月に新たな学校種として小中一貫校を推進する「義務教育学校」が創設されることになりました。文科省によると、市町村などが独自に行っている小中一貫教育は、2014年度において全国1743市区町村で1130件あります。この義務教育学校の制度化で、学校統廃合に拍車をかける恐れが懸念されています。

詳しくは後述しますが、これまで財務省の財政制度等審議会では、学校統廃合による財政効果などを試算したうえで、文部科学省に公立小中学校の統廃合を進めるよう要請してきました。今後も、少子化や耐震化を理由に、学校統廃合の流れが進む可能性があります。

しかし、それだけではなく、生徒数の減少に伴い、各地で行政や教育委員会が公立学校の統廃合を進めるケースも増えています。言うまでもなく、背景には、学校経費、教育予算の大幅な削減や合理化などの問題があります。なかでも、農山村などに多くある小規模校は財政上非効率であるなどとして、学校統廃合の動きが強められてきました。

なお、先の**図6―1**にもあるように、中学校は、２０１０年頃から減少局面にあります。これは、地域の中に1つしかないといった中学校は、統廃合しにくいものであったにもかかわらず、近年になり、その中学校ですらも統廃合の対象になったということなのです。

2 引き金となる文科省の新指針「手引」

２０１５年1月に文科省は、小中学校の統廃合の検討を自治体に促すための「手引」（「公立小学校・中学校の適正規模・適正配置等に関する手引」）をおよそ60年ぶりに改定しました。この「手引」により、1学年1学級以下の小規模な学校を持つ農山村、中山間地域では、学校の統廃合が加速化する恐れがあります。

「手引」のポイントは、スクールバスの普及を踏まえて自宅からの距離が小学校で4キロメートル以内、中学校で6キロメートル以内としているこれまでの学校区の範囲に、新たに「通学時間1時間以内」という目安を示したことです。スクールバスで1時間というのは、かなりの校区拡大となり、小規模な町村では、1町村1小学校が当たり前となる基準と言えます。

さらに、小中学校の適正規模は学校法令上、「12〜18学級」と定まっていますが、手引ではこれを下回る学校がおよそ半数あることを強く問題視し、小学校6学級以下、中学校3学級以下の学校に対し、

「学校統廃合等により適正規模に近づけることの適否を速やかに検討」することを提起しました。また、2つ以上の学年を1つにまとめた複式学級が存在する小規模校についても「教育上の課題がきわめて大きい」とし、学校統合を強く促しています。

そのうえ「手引」では、学級数が少ない運営上の問題点を多く列挙しています。たとえば、男女比が偏りやすい、班活動やグループ分けに制約が生じる、などとし、児童生徒に与える影響として「協同的な学びの実現が困難」、「多様なものの見方や考え方、表現の仕方に触れることが難しい」など、およそ40項目にもわたり、いわば「小規模校のデメリット」が提示されています。逆に、1人ひとりの個性がわかる、主体性が育まれるといった地域に根ざした小規模校ならではの利点や、大規模校の問題点は軽視され、執拗に小規模校の問題点が強調されている記述には違和感を感じます。

この点について、文科省の担当者は「統廃合ありきではない」と説明しており、実際、「手引」にも自治体が小規模校を存続させたり、休校していた学校を再開させたりする場合の具体的な対応策なども併記されています。とはいうものの、「スクールバスで1時間」が今回明記されたことは、広大な学校区が標準化され、さらに自治体の教育行政をそうした方向に誘導する力となることは容易に予想されます。

この手引に対し、学校統廃合を進める立場の中国地方のある自治体職員は、「小規模校の教育上の問題がこれほど挙げられているのであれば、比較的大きな学校に通わせた方がよいとだれでも思う。この

『手引』が教育上の判断を後押しした」として、地域内での統廃合の合理性の根拠の説明に、この「手引」を挙げています。

また、行政の学校統廃合の指針撤回、児童数が少なくても小学校の維持を求める運動をするある地区の住民は、「子どもの教育を集落全体で支える。それが地域コミュニティの維持にも教育効果にもつながるのに、手引はそのことを無視している」と指摘し、「スクールバスで1時間」という新しい目安がひとり歩きすることを強く懸念しています(1)。

3 真のプロモーターは?

実は、この「手引」にあるような学校統廃合を促す方針を政府が最初に示したのは、2014年5月末の経済財政諮問会議です。会議の開催は、第1章で取り上げた「地方消滅論」を増田寛也氏らが打ち出した数週間後のことでした。この時期にあえてこのような方針案が示されたのは、特に農山村で「地方消滅論」の波紋が広がる中で、「市町村が消滅するほど人口減少が厳しい状況なのだから、学校統廃合もやむを得ない、むしろ当然のことだ」と世論を納得させたいという意図があったとしても不思議ではありません。

そして、同年6月に閣議決定された「経済財政運営と改革の基本方針2014」で、従来の「距離等に基づいた学校統廃合の指針」についての見直しが提起され、7月の教育再生実行会議第5次提言で

「学校規模の適正化に向けて指針を示す」よう提起しています。

行政の立場からみれば、統廃合によって学校が減れば財政コストは確実に減らすことができます。財務省は2015年10月、財政制度等審議会の中で、義務教育予算編成に関連し、小中学校数を現行よりも約5000校削減する方向を提示しました。学校を適正規模にした場合、小中学校数は現状の約3万校から2万5158校に減るとの見方を示し、「人口減少に比べて、学校統廃合や教員数の削減が進んでいない」（同主計局）として学校統廃合の妥当性を訴えています。財務省は、学校の統廃合を進めることで、教員数と施設の維持に関わる財政の削減を狙っているのではないでしょうか。実際、この「手引」は人口減少、少子高齢化を強調する文言から始まっており、財務省―地方消滅論―文科省のつながりさえ見えてくるようです。

また、総務省は2015年度から古くなった小中学校、保育所や市民ホールなど公共施設を集約、統廃合する自治体に対して財政支援を始めました。すでに、この支援を利用して学校の統廃合計画を打ち出すケースもあります。地方交付税を上乗せして配り、施設の統廃合費用を捻出するために自治体が発行した地方債の元利償還金の一部を国が交付税で肩代わりするもので、地方の施設の統廃合の加速化を狙った措置だと言えます。自治体が発行した地方債の元利償還金の半分を国が交付税で肩代わりする仕組みです。学校統廃合だけでなく、こうした施設も含め、地域の「統合」、「集約化」を政府が促す背景としては一様に人口減少が理由として挙げられ、効率化することを是とする姿勢を強く感じます。「人口減少だから非効率なものは統合されて仕方ない、財政のためにはやむを得ない」という主張が現在進行形で拡大することが危惧されます。

（2）小中学校のさまざまな動き

1　学校再開——香川県高松市の男木島

各地で学校の統廃合が進んでいく中で、実は休校していた学校を再開させた地域もあります。人口180人の香川県高松市の離島、男木島は、休校中の小中学校を2014年4月に再開させました。若い移住者と高齢の住民が力を合わせ、署名活動など学校再開に向けた運動を展開したことがその背景にあります。

男木島は高松港からフェリーで40分。少子高齢化が進む地域です。島の小学校の再開は7年ぶり、中学校は3年ぶりのことでした。この画期的な動きは、大阪からUターンした30代の移住者がきっかけをつくりました。島に学校がないことから子どもと離れて島に暮らしていた同級生と協力して、その現状について高松市の教育委員会に直談判したのです。それに対して、教育委員会からは、子どもをフェリーで通学させ、その料金を負担することが提案されました。しかし、それに対して、「子どもに片道約1時間の通学を強いることはおかしい」、「学校再開は島の存続に直結する」と訴え、島内外から、島の人口の5倍の約900人の署名を集めることに成功しました。そして、それが行政を動かし、このような学校再開にこぎつけたのでした。

自治会長ら複数の住民に話を聞くと「学校再開は島をあげての願い。高齢者が笑顔になる場面が増えて、島は確実に元気になった」といずれも明るい顔で話してくれました。しかも、これを契機に新しい移住者も生まれました。移住したのは4世帯で、未就学児から中学1年生まで、合計11人もの子どもが増えました。

再開した学校では、運動会や畑作り、掃除、もち作りなど地域と一体となったイベントを多く企画しています。子どもにとっても、このような地域との深いつながりの中で育まれる教育の効果は計り知れないものがあります。小学校の臼井隆校長は「島の人みんなが先生。大自然の中で少人数だからこそかけがえのない教育が実現できている。子どもの表情はどんどん豊かになっていく」と説明しています。

さらに、この島では、2016年に保育園も14年ぶりに再開しています。島は学校再開を契機にかつての活気を取り戻し、住民は「これで移住者ももっと増えるのではないか」と期待しています。また、自治会からは「学校が再開したのだから、地域側も問われる。地域活性化を進めていかなければいけない」という声が挙がり始め、学校を核にした地域づくりが進められようとしています。

こうした男木島の学校再開から学ぶポイントはいくつもあります。第1に、地域と学校の関係で、地域にとって学校は拠点であり、文字通り「拠り所」だということです。このことは従来から指摘されたことではありますが、休校―再開というプロセスがその意味をリアルに私達に教えてくれています。第2に、移住者にとっても学校は拠り所で、それが移住を支えるという現実です。学校再開と移住増加の好循環が生まれていると言えます。

そして、第3に、これが最も大切なことですが、学校の消滅は不可避的、非可逆的な「時代の流れ」ではないということです。住民が、「地方消滅」などの言説の氾濫の中で諦めてしまい、学校の統廃合を無条件に受け入れてしまうのは、実にもったいないことではないでしょうか。また、行政にとっても、財政的側面の効果という一面的、短期的な判断をしてしまうことが、いかに危険なことかも示しています。

この男木島のケースを、例えば、「離島だからできた」などと特殊な事例としてしまうのではなく、全国の農山村の住民、学校、行政は、今後の地域のあり方を示すヒント満載の取組みとして、学びたいところです。

2　子どもを核にした地域再生――鹿児島県十島村

子どもを核にした地域づくりの成果は、さまざまな現場から見えてきます。子育て世代を呼び込み、保育園を新しく立ち上げるなど、画期的な取り組みを進める鹿児島県十島村を紹介します。人口700人、7つの離島からなる小さな十島村の地域づくりの中心にあるのは、小学校と保育園です。移住者ら若い世代が子育てしやすいようにという願いを込め、地域ぐるみで子どもを育てています。

十島村は、屋久島と奄美大島の間に位置するトカラ列島にあり、7つの島を行政区域とします。島々を巡る鹿児島市の鹿児島港から出るフェリーは2017年現在、わずか週2便です。各島には飛行場もガソリンスタンドもありません。飲食店がないため、観光客は民宿に泊まる以外は食事をする方法が基本的になく、島の中に役場もありません。島の人々にとって、食料や燃料などを運ぶフェリーが命綱です。全国の中山間地域や離島の中でも、非常に効率化や合理化が厳しい不便な地域と言えるでしょう。

十島村が移住者を呼び込む地域づくりに着手したのは、人口減少がきっかけです。1950年には3000人近くいた島民ですが、2010年には5分の1の約600人にまで落ち込みました。高校進学を契機に島を離れると、そのまま島には帰って来ないからです。人口減の危機感から村一丸で、子育て世帯の移住の呼び込をはじめました。

まず、過疎債を財源に、農林水産業に従事する若者らには最長5年間、1日最大1万円の支給をスタートしました。このほかにも、出産や子育て、農業にも手厚い支援をする補助制度を創設しました。補助金だけではありません。役場に定住対策室を組織し、島民たちとともに全国の移住フェアや1次産業フェアへの参加も進めています。各島には自治会長や、議員などからなる定住プロジェクトチームを発足させ、村一丸で移住者の受け入れ対策に力を入れるようになりました。

その結果、教職員を除き2016年度までの8年で157世帯259人が移住するという成果に結びつきました。その定着率は実に8割を超えます。また、2015年の国勢調査では、人口増加率が全国2位という快挙も達成しました。現在、若い移住者たちは、村の助成金を活用しながら、バナナの栽培や漁業などを組み合わせ、生計を立てています。

7つの島の1つ、人口130人の宝島は2015年に保育園を作りました。村にとって、初めての保育園です。保育園ができたことで、移住者は「子どもを預けることができて本当に楽になった」と歓迎しています。そして保育園ができることで、小学校の充実にもつながりました。保育園は小学校と行事や学習の面で常に連携しています。

宝島での子育てについて、移住した若い親世代は口々に「島民全員が子どもを見守ってくれ、子どもの教育環境はとても充実している」、「この島で子育てできて幸せ」と語っていました。さらに、宝島の小学校教師たちも「子どもの成長を島の誰もが願い、地域全体で教育している」と島の教育効果を強調しています。

宝島の島民にとって、子どもがいる喜びは計り知れません。島内の農家、松下伝男さんは「出生数ゼロが当たり前。中学を卒業すると誰もが島を離れ、幼児も、親世代もいない状況がずっと続いていた。元気のなかった十数年前の島がうそのように、子どもたちの声が島に響く。島に夢を描き、価値を感じる若い人の子どもがたくさんいる。移住者の中には、もしかしたら助成金が切れたら島を出ていく人がいるかもしれない。それでも、島でひとときを過ごした子どもたちは、島をずっとふるさととして思い、生涯忘れないだろう。島の大人たちは、子どもたちを地域の宝だとみんな思っている。心から子どもの誕生、成長を喜んでいる」と話しています。

宝島を皮切りに、村内の他の島でも次々と保育施設ができています。島では、移住者が増え保育園ができることがさらに移住の呼び水となり、村に活気が芽生えるという好循環ができつつあります。

肥後正司村長は、移住者の受け入れについて「予想以上の成果。子どもがいるからこそ、地域は活気づく。人口増加や保育園開設といった目に見える成果だけでなく、夢を持つ若者とその子どもが暮らす島は元気になった。6次産業化や農作物の特産品化など島の新しい価値を示してくれた。（居住地域として）7つの島を維持するのではなく、1島に集約した方が便利だという意見も村以外の人から聞く時もある。しかし、今の効率化を求める考え方で、先祖からつないできた長い歴史を閉じてはいけない」と力強く話していました。

十島村は、移住政策の核に子育て支援を据えています。地域にとって、子どもとその親世代の存在は非常に大きな意味を持ち、地域づくりの鍵を握ります。また、地域密着で子どもを育てることが、移住者の受け皿にもなることも、十島村を訪れてよくわかりました。

現在、各自治体が辿っている「財政のために小学校の統廃合はやむを得ない」という選択とは真逆の道を十島村は選びました。そんな十島村だからこそ、移住者が増えているのです。将来、地域を残すために、今、子どもや親世代に投資する必要性とその効果を十島村は示しているのではないでしょうか。

（3）統合の論点――地域にとって学校とは、学校にとって地域とは

1　統合ありきの行政――問題点①

次に、統合の問題点について、具体的に考えていきましょう。

学校統廃合問題が浮上した地域での議論からは、地域と学校との関わりや成り立ちを考えているのか、疑問に感じることが多くあります。人口減少、財政問題を起因とした「統合ありき」で進められていると感じる自治体を取材したことも何度もあります。統廃合決定の知らせで学校がなくなることを初めて知った住民もいるほどです。

中国地方のある地区での中学校の統廃合問題を取材をしたことがあります。住民は「◯年にA中学校を◯地区のB中学校に統合する予定です」と配布物で突然、知らされました。反対運動も起こりましたが、PTAや一部の地域住民以外には、経緯もほとんど知らされず統廃合は進みました。反対運動を起こした住民は「中学校の廃校は既定路線だった」と悲しんでいました。一部住民から見れば、「小規模校は、経費が高く非効率だから、統廃合して学校経費を削減、合理化する」ことが統廃合の狙いであることを推測させる議論の進め方をしていました。学校の老朽化による耐震性の問題を強調し、「もう決まったこと」と捉える住民も多くいました。行政側は丁寧な説明や議論を飛ばしていたのです。

この地区の自治体の教育委員会に取材すると「適正規模を考えての決断」と繰り返していましたが、

学校は地域の中にあるのに、地域の実態や住民の声が軽視されているのではないかと感じます。

学校統廃合を決めた自治体の教育委員会は「文科省の指針にもある」、「子どもの教育的効果を考え、適正規模にする」と統廃合の妥当性を強調しています。しかし、少人数の指導では細かい指導ができる、「子どもの個性を発揮しやすい」といった小規模校ならではのメリットについて具体的な検証がされているわけではありません。

学校が地域にあり、登下校も含めて子どもの存在が地域に活力を生み、運動会や防災などによる交流の場所だという成り立ちを無視した統廃合は、地域に大きな禍根を残します。学校の統廃合問題は行政主導ではなく、地域全体の課題として議論を進めるべきものです。

実際、学校統廃合における財政の効率化は見込めるのでしょうか。確かに、都道府県や国が負担する小中学校の教職員人件費の削減効果は目に見えるものです。しかし、自治体単独で見ると、経費削減にはどの程度の効果があるのか疑問もあります。統廃合すれば、学校の運営コストや施設の補修費、事務費、水道や光熱費といった自治体の経費は削減にはなりますが、統廃合によりスクールバスの導入などに新たな経費がかかることにもなります。さらに、交付税の観点もあります。現行の地方交付税算定基準には、学校数や教員数などが含まれます。そのため統廃合の選択は、交付税額の減少も意味することになります。

さらに言えば、こうした目先の財政コストに目をつけて学校の統廃合を考えること自体、判断を誤らせます。現在、地方交付税が減額期を迎えることを契機に、学校統廃合を議論する自治体もあります。そもそも学校の存続に関して必ずつきまとう財政コストの問題に対し、お金がない、効率化と言う次元で考えるべきものではありません。人口減少が進む中で、子どもや若者は未来を切り拓く存在です。教育の分野でまで効率化、合理化を進めれば、結果的に将来の日本の財政を悪化させることにもつながるのではないでしょうか。

文科省や学校統廃合を決めた自治体はあくまでも「財政面ではなく、子どもの教育のため」と統廃合検討の正当性を主張しています。しかし、そうであるなら、小規模校のもたらす教育効果の検証や、地域と学校との関係、住民の合意形成に力を入れ、既定路線としての提示ではなく、丁寧に議論を進めていく必要があるでしょう。

2　教育論の不在――問題点②

学校の統廃合を進める自治体からは、理由として「適正規模」、「子どもの教育のため」という言葉をよく聞きます。子どもにとって最もふさわしい学校の規模とは何でしょうか。

どんな教育が子どもにとって望ましいのか、その答えは全国一律ではありません。子どもにも地域にも個性があるように、学校にも、その地域の特色に応じ、個性があります。小規模校が合う地域もあれば、そうでない地域もあります。統廃合をすることで学力向上に効果があった、小規模校だから協調性が育めなかったといったデータや検証は存在しません。小規模校に通った小学生よりも、大規模校の小学生のほうが優れているといった事実も、もちろんありません。学校規模と、教育的効果には相関関係はないというのが、教育学者の通説なのです(2)。

総務省の公的施設の集約化や文科省の手引に安易な追従をすると、小規模校は自治体財政や地域の重荷だという一方的で誤った価値観につながりかねません。自分たちの地域をどうしていきたいのか、そしてこの地域にとってどんな教育が必要なのか、そこを考えていくことが統廃合問題を議論する時の大前提です。統廃合は、行政や財政の問題ではなく、まさに地域と教育の問題だという視点からの議論が必要です。

3　小規模校に対する否定──問題点③

前述した文科省の新たな手引では、小規模校のデメリットを複数指摘しています。例を示しましょう。小学校では、標準規模（12学級）に満たない場合には、「クラス替えができず人間関係が固定化しやすい」、「教員数が限られるため、習熟度別指導、教科担任制等多様な指導方法をとることが困難」、「教育活動の幅が狭くなる」など、教育上の課題があるとしました。さらに、学級規模が小規模化した場合には、「授業の中で児童から多様な発言が引き出しにくく、授業の組み立てが難しくなる」、「男女の偏りが生じやすい」といった問題も指摘しています。複式学級が存在する学校規模は「教育上の課題がきわめて大きい」、複式学級はなくてもクラス替えができない学校規模は「教育上の課題が大きい」として、手引では統廃合の検討を求めています。

一方で、学級数が少ない学校のメリットについてはほとんど触れられていません。こうした手引を見れば、一部の保護者らが「小規模校に通わせるのは子どもの教育上よくない」と思うのもある意味で仕方がないことかもしれません。

しかし、実際には、小規模校の教育上のメリットを主張する教師や研究者、保護者はとても多くいます。実際、都会の大規模な学校から農山村の小規模校に転校した子どもの保護者に取材してみると「同年代だけでなく、大人や他年代の子どもと触れ合う機会が多く、一人っ子だった子どもの面倒見が良くなった」、「子どもの小さな変化、成長も把握できる」など、地域に根ざした小規模校ならではのよさが見えてきます。小規模校ではきめ細かい指導が行き届きやすく、子どもが役割をきちんと自覚できる、大自然に囲まれた教育環境の中で成長が育まれるといった利点がうかがえます。

手引には、「小規模校を存続させる場合の教育の充実」や「休校した学校の再開」にも形の上では触れています。ＩＣＴが進む中で大規模校と合同授業やイベントで連携したり、都会の学校と農山村の学校が互いに学び合ったり、交流や存続の道は多様にあります。複数の学校の連携や情報技術の活用などで小規模校の課題を補足することは、十分可能です。実際にそうした対策で小規模校を存続させている学校は農山村や離島に多くあります。この点を掘り下げないまま、小規模校を一方的に否定した「統廃合ありき」の議論は、教育論の不在と言えるのではないでしょうか。

ＷＨＯでは２０１３年、学校教育の規模は「生徒数１００人を上回らない」ことが望ましいと提言しています。世界は、小さな規模での学校教育の方向に舵を切っているのです。世界の流れに反し、日本は統廃合を加速させているのが実態です。**図６―２**は、２０１４年度の学級規模を示した各国の比較です。日本並びにアジアは、クラスの規模が大きく、平均を上回っています。ＯＥＣＤによると、日本の初等および中等教育の学級規模は、ＯＥＣＤ加盟国の中ではトップクラスの多さです。２０１４年時点で、初等教育段階の平均学級規模は1クラス当たり27人、ＯＥＣＤ加盟国の中で2番目に多く、平均（1クラス21人）を大きく上回っています。日本の中学校の平均規模は32人で、ＯＥＣＤ加盟国の中で最も大規模です。ＯＥＣＤ平均

図6-2　各国の学級規模

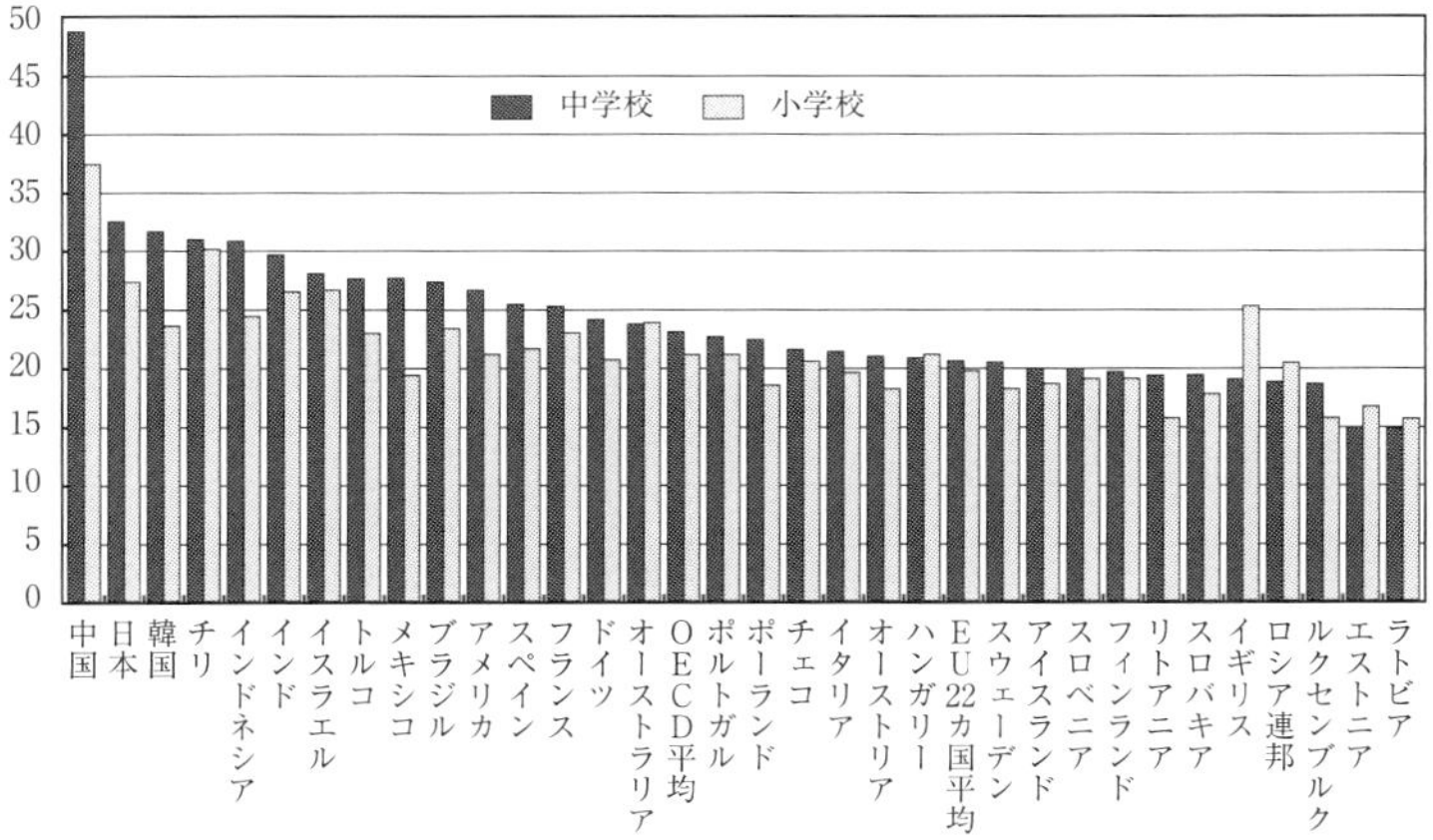

注：資料＝OECD「図表でみる学校教育」（2014年度）より作成。

（1クラス23人）の1・3倍にも当たります。

世界に比べ、日本の教員は大規模学級を運営し、法定勤務時間は平均を大きく上回っているのが特徴です(3)。法定勤務時間でさえ大きく上回っているのですから、部活動や保護者対応、職員会議などの残業時間も考慮すれば、教員の働く時間は世界水準を大きく超えることが予測できます。この勤務時間の多さによる弊害はここでは詳述しませんが、すでに多方面で日本の教員の過剰労働が問題視されています。教員の過剰な負担は、子どもの教育に直結します。

和歌山県で、大規模小学校から複式学級の小規模校に転勤したベテラン教師を取材したことがあります。ベテラン教師は、自身の経験を踏まえ「児童数が多ければ事務作業も保護者対応も増え、とにかく子どもと接する時間がなかった。小規模校では1人ひとりを見ることができる」とやりがいを語っていたことが印象的です。

世界の流れも踏まえ教員の過剰な負担などたくさんの課題、地域の実態に合わせた「適正規模」を各地方で考える必要があると思います。

4　既往施策との矛盾――問題点④

これまで地域の拠点である学校を行政主導で統廃合させることによる、地域コミュニティへの影響といったさまざまな懸念を指摘してきました。地方創生を掲げる政府や自治体が、学校統廃合を加速させることはつまり政府の進める〝地方創生〟が見せかけなのではないか、政策が矛盾しているのではないか、と感じます。

文科省は２０１５年に出した中央教育審議会の答申「新しい時代の教育や地方創生の実現に向けた学校と地域の連携・協働の在り方と今後の推進方策について」で、地域と学校の連携・協働の推進を行う必要性を明記しています。地域の高齢者、社会人、学生、保護者、ＰＴＡ、ＮＰＯ、民間企業、団体・機関など、幅広い地域住民などの参画により、地域全体で未来を担う子どもたちの成長を支える「地域学校協働活動」やコミュニティ・スクール（学校運営協議会制度）を進めていくことを目標としています。地域密着の学校運営を目標とする一方で、子どもの顔が地域から見えなくなるような統廃合を促す施策をなぜ進めるのでしょうか。

学校は地震、台風、豪雨等の災害発生時においては子どもの安全を確保するとともに、地域住民の応急避難場所ともなり、地域の防災の拠点です。さらに、子どもを基軸としている祭りも多く、運動会や文化祭などは交流の拠点でもあります。そうした面からも学校の重要性は考える必要があります。地域活性化の拠点に学校を据えている地域も全国各地にあり、地域密着の学校の教育効果も見逃せません。

地域に根ざした学校の存在は地域にも子どもにも大きな活力をもたらし、学校は地域の意見交換や行事の場にもなっています。財政問題を考慮して統廃合するなら、学校が地域の活力に貢献しているという予算には反映されにくい価値も考慮し、小規模学校のコストの工夫に対し知恵を注ぐべきではないでしょうか。

人口減少の中で、今、教育費をきちんと確保し学校を残す選択が、長い目で見ると将来の日本の財政の健全化につながり、結果的に経済の効率化につながります。教育費は、未来への投資とも言い換えることができるのです。

これから学校をどうするのか、行政主体ではなく、地域住民が考え動くことが本来の「地方創生」のはずです。学校統廃合を決めた自治体には、合意形成の過程で、どれだけの人が地域の未来に思いを馳せただろうか、また、そこに丁寧な議論があったのかという疑問を感じます。現状では、財政の効率化を狙い「子どもの教育のために」と小規模校のデメリットを強調した一面的な理由で、統廃合を強引に進めている自治体が散見されます。

「地方創生」というなら、学校の維持という選択が移住者を呼び、さらなる移住者も呼ぶという好循環を途絶えさせず、つくり出していくことが重要なはずです。

5　地元住民の分断促進——問題点⑤

学校統廃合に対する意見、見方はさまざまです。たとえば自治会は反対していても、地元の保護者が子どもの教育を考えて統廃合に賛成するケースも多くあります。また、統廃合賛成者が地域を思っていないわけではありません。

こうしたもともと対立軸を生みやすい統廃合問題に対し、文科省の手引や耐震性問題、公的施設の集約化といった財政問題を盾に、行政が期間を区切って統廃合を実施することは、地域に大きなしこりを残します。統廃合は、賛成派・反対派という地域の対立構造を生じさせる可能性を持つものであるということをきちんと考慮することが、大前提です。そのうえで慎重に、そして丁寧に住民と議論を重ねる必要があります。現在、すでに学校の統廃合は一定程度進んでいます。しかし、過去の学校統廃合の影響についての統括はほとんどされていないのが実態です。

行政がはじめから統廃合をする方針で、時間を区切って、あるいは「いつまでに統廃合する」と示して統廃合を推し進めれば、その分断は決定的なものになります。さらに言えば、地域の拠点である学校を住民から一方的に奪うようなやり方をすれば、住民から地域づくりへの主体性を奪うのではないでしょうか。学校の存立については、国や地方自治体の財政を優先する観点からでなく、地域、保護者、地域住民、子どもの意思形成や合意によって決めていくことが欠かせません。

6　新たな論点――田園回帰の受け皿

学校が地域からなくなれば、過疎高齢化、地域の空洞化につながっていきます。実際に秋田県内で廃村集落を調査した農家によると、学校の統廃合が過疎化を招き、集落から若者世帯がいなくなる大きなきっかけにもなっていたということです。

秋田県大潟村の農家、佐藤晃之輔さんは30年間も集落を歩き、著書『秋田・消えた村の記録』『秋田・消えた分校の記録』『秋田・消えた開拓村の記録』にまとめています(4)。消えた集落、学校を丹念に調べ、無人化した地域を記録してきた佐藤さんと、実際に集落跡地を歩きました。「学校がなくなれば、まるで集落から灯火が消えたように、一気に過疎化が進んでいく」と佐藤さんは繰り返して言っていました。持続可能な地域づくりには、子どもがいて、その子どもの声が響き、高齢者がいて、その中に学校があるものだと言えます。

前述した鹿児島県十島村からわかるように、学校は「田園回帰」の拠点にもなります。自然に囲まれ、地域の高齢者らも「先生役」となるような教育環境の魅力が移住者の心を掴みます。移住先に学校があるかないかは大きな鍵を握るのです。

地元の小規模校の存続を願って、移住者の誘致に住民が立ち上がった地域もあります。広島県で学校の存続活動をしていた農家は「『スクールバスで遠い学校に通わせたい』と移住してくる若者や子育て世帯はいない。地域にまなびやがあり、学校があるからこそ、地域に活力が生まれる」と言っていました。移住者の受け入れは単年度では成果は見えません。長期的に、じっくりと今後5年、10年後の地域をどうするのかということを考えた時に、移住者の受け入れや、学校をどうしていくかという問題も出てくるのです。

一方で、地域から学校がなくなってしまった住民に話を聞くと「学校がなくなって、子どもと孫が帰ってくる可能性もなくなってしまった」、「子どもの声が日常にあることの大切さに今更ながら気づいた」という声が圧倒的です。安易に数の論理で学校の統廃合を進めると、ますます地域を疲弊させ、住民から地域づくりへの意欲をそいでしまうことを実感します。残された廃校を核に地域活性化に取り組む地域であっても、学校というかけがえのない地域のシンボル、拠点を失ったことを悔やむ声が多く聞こえてきます。

学校の統廃合は、「田園回帰」の受け皿をもなくすことになるという点に目を向ける必要があります。学校が遠く離れ、1時間のスクールバスで子どもを通わせなければならないような地域をわざわざ好んで選ぶ若い移住者は少なく、学校がなくなることで今住んでいる若者たちが地域から出て行くことも想定されます。

つまり、農山村において学校を統廃合するという選択は、その地域の可能性を摘み、地域を切り捨てることにもなりかねないのです。多様な価値観、多様な地域の実態に合わせて、学校のあり方をとらえることが大切です。

人口減少社会の中で、合理化や効率化を突き詰めていけば、地域から人はいなくなり、都会にしか人が住めなくなります。学校統廃合の問題は、住民が地域の将来展望を踏まえて当事者意識を持って考えることが前提です。そして住民の議論を行政がしっかりと応援する道を探ることが、必要ではないでしょうか。

注

（1）その詳細は、尾原浩子「学校を守り、地域の未来をひらく――〝地方創生〟に逆行する学校統廃合」（『世界』2015年5月号』）で紹介している。
（2）山本由美「『地方創生』のもとの学校統廃合を検証する」『住民と自治』2016年7月号。
（3）経済協力開発機構編著『図表でみる教育OECD教育インディケータ2016年版』明石書店。
（4）佐藤晃之輔『秋田・消えた村の記録』（無明舎出版、1997年）、同『秋田・消えた分校の記録』（同、2001年）および『秋田・消えた開拓村の記録』（同、2005年）を参照。

第7章　ＪＡからの地方創生とは

（1）地方創生と農協改革

1　「地方創生」への参画が問われるＪＡ

第6章では学校統廃合と地方創生について詳述しましたが、本章では、農山村におけるＪＡの役割について取り上げます。ＪＡは農業協同組合と地域協同組合の顔を持っています。筆者は農業・農村専門の記者として、ＪＡは農山村に欠かせない存在だと実感する地域を多く取材してきました。ＪＡの参画・後押しによって地域が活気づいたといった現場も多くあります。一方で、地域づくりの現場からは、ＪＡに対する批判の声を聞くことも少なからずあります。その役割が広く浸透していないことや、十分に生かされていないケースに、もどかしさを感じることもありました。

農協改革の渦中で、担い手の「所得向上」が重要視され、政府から「職能組合」としての役割が求められている今、あえてＪＡの地域における役割を考えてみたいと思います。

若者や田園回帰の流れを取材すると、「地域づくりの現場に、ＪＡの存在感が薄い」と感じることがあります。前述のように、地域づくりのリーダーや行政職員から不満を伝えられることもあります。たとえば、地域おこし協力隊や移住者、外部人材の活用に力を入れ、地域運営組織を中心にした特徴的な地域づくりをする自治体の担当者は「ＪＡは地域からますます離れていく印象がある。何か新しいことをしようとした時、ＪＡに声をかけようとは思わない」と打ち明けました。農山村の研究者と話をする中でも、ＪＡに対して厳しい指摘・批判を聞くことも多くあります。

背景には「かつてに比べてＪＡを知らない、関わりのない層が農山村で増えている」という側面もあるように思えます。農山村では、農家の兼業化、農家と農家以外の混住化が進んでいます。かつての、農山村で誰もがＪＡを利用していた時代から大きく変わっているのです。

その時代の流れの中で、農業の成長産業化に向けて、農林水産省はさまざまな〝改革〟を農業分野、ことにＪＡに求めています。一方、移住者の受け入れや外部人材の活用、地域運営組織、移住や定住にかかわらず、農山村と多様に関わる「関係人口」づくりといった新しい地域づくりが現場で広がっています。たとえば移住者の受け入れは、農政担当ではなく、ＪＡと接点の乏しい行政担当課が担うことが多くなっています。「専業農家になりたい」という移住希望者より、農業を少ししてみたいと考える層も増えています。

地域内で専業農家が減っていく中で、今、ＪＡはあらためて地域とどう向き合っていくかが問われています。ＪＡが地域づくりに欠かせない存在であるためには、ＪＡが田園回帰などの新しい地域づくりの潮流をとらえ、対応することが大切です。

２０１５年10月のＪＡ大会では、今後の３年間の方針に「地方創生への積極的な参画による地域づくりの貢献」が盛り込まれました。農協改革やＴＰＰなど農政、ＪＡを巡る激動の年に開かれたＪＡ大会で、「ＪＡグループは『地方創生』に積極的に参画し、行政や他団体と連携し地域社会、農業のグランドデザインである『地方版総合戦略』の策定、実践に取り組む」ことが、議題の柱の１つに据えられていたのです。

表７―１はＪＡ全中（全国農業協同組合中央会）がＪＡ、連合会、中央会を対象に２０１７年２月～３月に行った「地方創生」への取組み状況調査結果（２０１７年９月公表時点）を示したものです。地方版総合戦略の策定への関与はＪＡ段階では69％、県域では59％（未回答が多いため参考値）という結果でした。

また、同じ調査で、事業、施策別の取組み状況について聞いたところ、農業関連の直売所や6次産業化だけでなく、地域課題の助け合い組織、地域運営組織についても連携をしているＪＡがあることがわかりました（**表７―２**）。ただ、一方で、他の協同組合や企業、ＮＰＯなどとの連携が乏しいことが見えてきます。

表7-1　JAと地方版総合戦略の策定状況（2017年2月～3月、参考値）

	回答数	地方版総合戦略策定に関与した	回答総数に占める関与の割合（%）
JA	438JA	303JA	69.2
連合会・中央会	34県域	20県域	58.8

注：資料＝JA全中「地方創生」取組状況調査結果より加工、引用（2017年調査）

表 7-2　JAと地域活動の関わり（単独、協働、連携の取組み）

取組み分野		JA単独の取組み		地方公共団体と協働		他の協同組合、企業、NPOと連携	
		JA数	割合（%）	JA数	割合（%）	JA数	割合（%）
1	地域の産業構造（農業等）を踏まえた戦略の展開	111	25.3	193	44.1	42	9.6
2	6次産業化	165	37.7	119	27.2	98	22.4
3	地域商社機能を核とする地域産品市場の拡大（アンテナショップ等を含む）	81	18.5	91	20.8	49	11.2
4	農畜産物輸出	50	11.4	66	15.1	85	19.4
5	農産物直売所の運営（道の駅等を含む）	308	70.3	86	19.6	34	7.8
6	地域活動の支援	143	32.6	92	21.0	34	7.8
7	地域運営組織の支援	60	13.7	66	15.1	24	5.5
8	小さな拠点の支援	57	13.0	31	7.1	19	4.3
9	地方移住（地域おこし協力隊、Iターン支援等）	19	4.3	78	17.8	22	5.0
10	都市農村交流	54	12.3	84	19.2	42	9.6
11	空き家対策	12	2.7	32	7.3	11	2.5
12	買い物難民・交通弱者対策（移動購買車等）	105	24.0	34	7.8	20	4.6
13	地域包括ケア	46	10.5	78	17.8	29	6.6
14	助け合い組織	156	35.6	59	13.5	25	5.7

■ 取組形態別の第1位　□（網掛け）取組形態別の第2位　□ 取組形態別の第3位

注：1）JA全中「地方創生」取組状況調査結果より抜粋（2017年調査）。
　　2）全数は438JA（表7-1参照）。

たとえば、地域運営組織の支援について、ほかの協同組合や企業、NPOなどの組織と連携しているJAは5・5%にとどまり、地域おこし協力隊やIターン支援なども5%にとどまりました。

JAは農業だけでなく、暮らし全般、農村そのものに関わる組織であるからこそ、さまざまな事業を展開しています。たとえば、金融、保険、介護、葬祭、子育てなどたくさんの事業をJAは担っています。

表7―1、7―2を見比べると、JAは単独で事業を展開するのは得意であっても、他の組織と連携、協力することにはこれまであまり力を入れていなかったのではないかと推測されます。地域運営組織や移住支援のNPO、外部人材など、地域の幅広い層とどう接点を取るかということは、JAが地域づくりを進めるうえで重要な鍵になります。JAが地域の多様な組織と接点を持つことで、新たな事業や地域が何を求めているかを知ることができるでしょう。地域の組織を構成するメンバーの中には、JAの組合員や准組合員も含まれているはずです。地域運営組織と連携しはじめた東北のJAの支店長は「これまでまったく関係のなかった地域づくりの協議会の会合に参加したところ、組合員がたくさんいて驚いた。会合に参加し、地域が何をJAに求めるのか対話を重ねていくことで、道を切りひらきたい」と話していました。

第5章までに紹介してきたように、人口減少の中で持続可能な地域づくりへの模索、挑戦が各地で始まっています。こうした中で、農協改革が進むJAは転換期にあると言えます。JAの役員が地域に対して動く、職員が提案してみる、関わってみる、地域住民がＪＡに働きかけてみるなど、地域の多様な組織との関わり方は実に多様です。どんな形であれ、ＪＡの役職員がこれまでとは異なる地域の動きに気づき、具体的に行動するかが、まずは大切なのだろうと思います。

２　ＪＡの本来の役割と農協改革

本章で使っている「農協改革」という言葉をニュースなどで耳にした人は多いと思います。ただ、その内実はイメージが湧きにくいものです。ここでは農協改革がどういうものなのか、大雑把に紹介してみたいと思います。

２０１６年4月1日、改正農協法が施行されました。農協の事業目的に「農業所得の増大に最大限配慮する」（第7条2項）という規定が新設され、ＪＡの理事構成や組織形態の変更などの規定も見直されました。これに対し、ＪＡグループは、農家の所得増大や農業生産の拡大、地域活性化を目的に「自己改革」を進めているのが現状です。

改正農協法で、２０１９年までに、ＪＡ全中は農協法上の地位を失って一般社団法人化されることが決まりました。さらに、准組合員の事業利用制限についても「5年後に再検討」として盛り込まれました。組合員には「正組合員」、「准組合員」の2種類があります。正組合員は農業を仕事にしている人や団体、准組合員は地域に住み農業以外の仕事をしている人を示します。この准組合員の事業利用制限は、利用状況などの調査を行い、「5年後に再検討」という形で先延ばしされています。農協改革の集中推進期間の期限は２０１９年5月に迫っています。

この農協改革は、２０１４年5月に政府の規制改革会議農業ワーキンググループが示した意見が発端です。当初はたとえば信用金融と共済の分離、専門農協化など、総合農協解体案が提起されたものの「あまりに急進的だ」などと反対意見が多く、改正法には盛り込まれてはいません。このほか、規制改革会議の提言には「准組合員の事業利用は正組合員の2分の1を超えてはならない」とも記され、現在、准組合員問題がどういう方向に進むのかは見えていません。

このような議論をする際にはあらためて、ＪＡの役割とは何かを考える必要があると思います。ＪＡは、その発足の歴史やこれまでの地域での役割を踏まえ、農家のためのものであり、地域のためのものと言えます。民間の会社が撤退している採算性の厳しい小売や介護といったサービスも、ＪＡが守りつないでいる地域はが少なくありません。協同組合という助け合いの精神で、採算性や利益だけではなく、地域を守ることを考え、農業振興のみならず、保険や金融も含めさまざまな事業を展開、運営しているのです。農業基盤だけでなく、地域の基盤となり、経済活動だけでなく、地域活動も担ってきた、公益性の非常に高い組織です。

こうした側面から、そのサービスを受ける対象は農家（組合員）だけでなく、農家以外である准組合員にも認められているのです。日本の農業は、家族で営む規模が基本で、土地やその土地に住む人々と一体的であり、生活に根ざしています。地域と農業が切り離せない特徴を踏まえ、ＪＡは総合農協なのであり、専業農家以外も包摂する准組合員制度を持っているのです。

政府は外部有識者の提言のもと、今後も次々に「農業成長産業化」のためにＪＡにさまざまな攻勢を仕掛けてくる可能性があると推測されます。前述のようなＪＡの歴史や役割が踏まえられているか、疑問を感じる流れに思います。

農協改革の背景にある、農水省の問題についても触れてみたいと思います。官邸と距離の近い産業競争力会議や規制改革推進会議の提案により、ＪＡだけでなく、農地や種子などさまざまな農業改革が進められてきました。しかしこの改革はそのほとんどが専門家も含めた食料・農業・農村政策審議会に相談する機会が設けられずに決まっていきました。２０１６年、当時、その審議会会長の生源寺眞一氏が「私どもは責任を果たすことができていないのではないかということにもなり得るような気がする」と発言をしたほど(1)、異例の進め方で改革が実行されたのです。たとえば、指定生乳生産者団体制度（指定団体制度）の改革や競争力強化支援法、主要農作物種子法廃止など、いずれも突然議論が始まり、すぐに国会審議を終えました。

２０１９年度からは農水省は米や果樹などに「収入保険制度」を実施します。制度のポイントは、過去５年間の平均収入の９割を基準に、それを下回った額の最大９割を補てんすることです。経営体単位の収入を前提とすることから、一品目でも価格が下がって経営全体の収入が基準収入の９割以下に下がれば保険金が支払われます。長期的に価格が下がり続けると、基準収入も下がり、再生産は難しくなりますが、コスト削減できれば経営を維持することも不可能ではなく、すでに米国などが採用している制度です。この収入保険に入るために、設定された条件が「青色申告」に加入していることです。現金出納帳や固定資産台帳など複雑な書類の記帳を求められる青色申告には、高齢者や中小零細な農家ほど抵抗感が強く、実際現在は、農家200万戸のうち160万戸は簡易な書類で済む白色申告を行っています。この現状を踏まえると、収入保険制度に参加できるのは、一部の担い手に限られます。確かに、農家の所得増大は非常に重要ですが、地域の中で限られた一部の〝勝ち組〟農家をつくることを農水省が進めているように見えます。一方で、地域政策では、小さな拠点や地域おこし協力隊、地域運営組織などは、いずれも国交省や総務省が中心に事業展開しているのが特徴で、農水省の存在は農村政策ではあまり見えてこなくなりました。

農水省はJAについても、農政の全体的な流れと同様に「成長化路線」を求めているように思えます。仮に一部の担い手のためだけに存在するJAになれば、規模の大きい農家は自ら販路を開拓し、JAから〝卒業〟するケースも増えるでしょう。農水省の求める産業成長化だけをJAが突き進めれば、その存在意義を失うことになりかねないのではないでしょうか。

それではJAは今、地域づくり、農山村再生にどんな関わり方ができるのでしょうか。それはJAごとに考え、行動するしかないのです。政府の規制改革推進会議は、組合員数以上に准組合員数が増え、信用金融や共済部門が肥大化していることを例に挙げ、ＪＡが農家の利益のための組織ではなく、「組織の維持を目的」に運営されていないかという観点で、ＪＡを批判しています。

こうした批判に対し「反論」するために、ＪＡの存在価値、役割を多くの人に知ってもらうことが必要です。まずは、地元の人やとりわけ今後、利用規制の対象になる准組合員にこそ理解してもらうことが大切だと思います。ＪＡは准組合員を「地域をつくる協同組合のパートナー」と位置づけています。准組合員という独自の制度が創設された背景には、農協が地域協同組合として存在してきたという歴史があります(2)。准組合員制度の規制について、今後考えられる農協改革に対しての最大の異議申し立ては、現場からの声です。准組合員自身にＪＡの必要性を認識してもらい、声をあげるようなＪＡに変化していくことが大切なのではないでしょうか。

（2）地域づくりに動くＪＡ

1　問われる地域を見つめる目線

そこで、現場の実践から、准組合員の利用規制への声を探ってみたいと思います。准組合員が「ＪＡの大ファンになった」という地域があります。筆者は取材でＪＡ担当者とともに地域を訪れた時、ＪＡに心から感謝する住民の姿を見て、ＪＡの原点を見たような気持ちになりました。

岐阜県のＪＡひだは、飛騨市数河地区の全住民が立ち上げた「株式会社数河未来開発」と小水力発電所の共同運営を始めました。高齢化率7割の同地区は、売電収入を元に耕作放棄地再生や水路の維持管理などによる地域活性化を目指しています。

数河地区はおよそ60戸の世帯で構成され、山に囲まれた農山村です。人口減少で店が次々と廃業し、地区に伝わる獅子舞や草刈りなど共同作業の維持も難しくなり、ＪＡ支店も撤退しています。地区の存続への危機感から、目を付けたのが小水力発電です。豊富な農業用水を生かして発電し、所得や雇用を生み出そうと話し合いをしてきましたが、初期投資や手続きなど課題に苦慮したことから、ＪＡに相談しました。そこでＪＡが検討を重ね、共同で発電所を運営することにしました。

ＪＡの決定を受け、同地区は３００万円を出資し全戸が参加する株式会社数河未来開発を２０１５年に発足させ、ＪＡと事業契約の調印も行っています。発電能力は50キロワットで総事業費は1億５４０0万円。うち55％を県の助成からまかない、残りはＪＡが負担しました。発電所は数河未来開発が管理し、年間の売電収入は約１０００万円。うち４９０万円は同社が管理費や新事業の財源にし、残りは同ＪＡが減価償却などに充てる仕組みです。

同社代表で農家の山村吉範さんは「ＪＡが過疎地の挑戦に目を向けてくれた。みんな大喜びでＪＡに足を向けて眠れないと口をそろえているほど、ＪＡには感謝の気持ちでいっぱい。これから小水力発電をみんなで守り、地域活性化につなげていきたい」と笑顔で話していました。住民はＪＡを農村再生のパートナーと認識し、これまでJAと接点のなかった7戸が新たに准組合員となりました。その結果、数河地区全戸が組合員となったのです。

数河地区の挑戦はこれからです。手の施しようがなかった耕作放棄地に竹を植林して女性がタケノコの加工品を作ったり観光農園を作ったりするブランド化や、水路の維持管理に売電収益を充てるなどで事業を進めていく予定です。そのほかの主な使い道は、地区の若者の声を受けて新規事業の財源にすることを考えています。同地区の山村良幸さんは「農村活性につながる事業を行い地域を元気にしたい」と意気込んでいました。住民は自分たちで施設や水路の周囲を掃除するなど、小水力発電を「地域の宝」と捉えていることが、よく伝わってきました。

JAから見ると、地域との共同運営はJAに大幅な利益はないものの、大きな赤字もない仕組みです。前例のない相談に対し、JAが耳を傾け、誠実に応えた結果が、地域からの感謝の言葉に表れています。また、JAひだは単に数河地区の住民の声を受けて事業化をしたというだけではありません。JAの担当者は何度も住民と話し合いを重ね、地域の人と顔が見える関係を構築していきました。この対応が、JAと地域の距離を近付け、「JAに足を向けて眠れない」(山村吉範さん)ほど感謝されたのだと思います。

今、JAは、地域を見つめる目線を持ち、具体的に行動することが必要です。その行動を起こすのは、何も組合長ら役職員だけではありません。地域を組合員目線で見つめると、農家だけではできない事務作業や国や県、自治体などの事業や支援の紹介、准組合員らが参画しているさまざまな地域組織の体制整備など、ＪＡが発揮できる役割が見えてくると思います。地域が地方創生に向けて模索している中で、地域のリーダーや住民、移住者らそれぞれの各目線から見てＪＡが力を生かすことができる場面は少なくないのだと思います。

現場を歩き、組合員たちの声を聞き、ＪＡが問われていることは何か、地域から批判されているのであればその批判はなぜ生じているのかを謙虚に、素直に問いかけて行動すれば、自ずと何をすればよいのかは見えてくるはずです。

ＪＡ批判には「ＪＡを知らない」から、また「ＪＡに期待している」からこそ寄せられるものが多く、中にはイメージだけで「ＪＡは手数料を搾取している」などといった声も聞きます。だからこそ「地域のために」、「農家のために」という行動を起こすことが反論になります。地域から相談されるＪＡになるために、住民の声に耳を傾けると同時に、今、地域づくりで住民たちがどんな行動を起こしているのか、考えているのかをキャッチすることが大切です。

医者のいない中山間地域でＪＡが医師を確保して診療所を経営していたり、中山間地域等直接支払いなど農家の煩雑な事務作業の代行をしていたりと、さまざまな実践を全国各地のＪＡが積み重ねています。ゆうちょ銀行以外は、ＪＡバンクしか金融機関のない地域もあり、葬祭事業でも、民間では採算性が厳しく参入しにくい地域もＪＡがカバーしているケースがあります。繰り返しますが、ＪＡが生活の基盤を担っている農山村地域は決して少なくありません。

２　地域づくりを担うＪＡ

そして、地域づくりに参画しようと挑戦をするＪＡは、全国に多くあります。多く、というよりほとんどのＪＡが地域との関わりを模索しているでしょう。

食育体験やＪＡ祭りなどの企画をＪＡが独自に実施することは大切ですが、前述のように、地域の組織と連携することで、地域との関わりのすそ野が広がり、幅広い地域住民と接点を持つことができます。地域づくりに参画していく、関わっていく1つの鍵は、これまであまりＪＡと連携していなかった組織などと協力し合う、支え合うことでしょう。連携をキーワードに、現場の事例を紹介します。

長野県のＪＡ上伊那は、飯島町田切地区で、地域運営組織が経営する道の駅を支援し、農産物の販売など稼ぐ事業と、高齢者の安否確認や交流の場作りなど住民の暮らしを守る仕組みを共同で築きました。田切地区では道の駅を産業振興、福祉、観光、防災、移住促進などの「小さな拠点」と位置づけています。道の駅を経営する、住民主体で発足した地域運営組織が法人化した際には、ＪＡや農業法人など地域のさまざまな団体が出資し、道の駅を地区一体で運営しています。

田切地区は３６０戸１３００人が暮らす地域です。高齢化や人口減少といった課題に対し、道の駅「田切の里」を「小さな拠点」とし、住民主体で運営することにしました。話し合いを重ね住民85％が構成員となった地域運営組織「株式会社道の駅田切の里」を2016年7月に設立しました。道の駅には同JAの他、水稲や大豆100ヘクタールなどを栽培する「株式会社田切農産」、栗栽培をする「一般社団法人月誉平栗の里」といった地区の基幹となる農業法人や菓子店など一般企業が出資し、**図7―1**で示されるように、地域全体で運営しています。

道の駅「田切の里」には直売所のほか、加工所、農家レストランを併設しています。農産物だけでなく、地元住民が買い物しやすいよう惣菜や魚も販売し、憩いの場となるスペースも設置しました。防災倉庫や非常用電源も備え、災害時は避難場所となる、まさに地域の拠点です。

図7-1　交流だけでなく暮らしを守り、地域の拠点となる道の駅「田切の里」

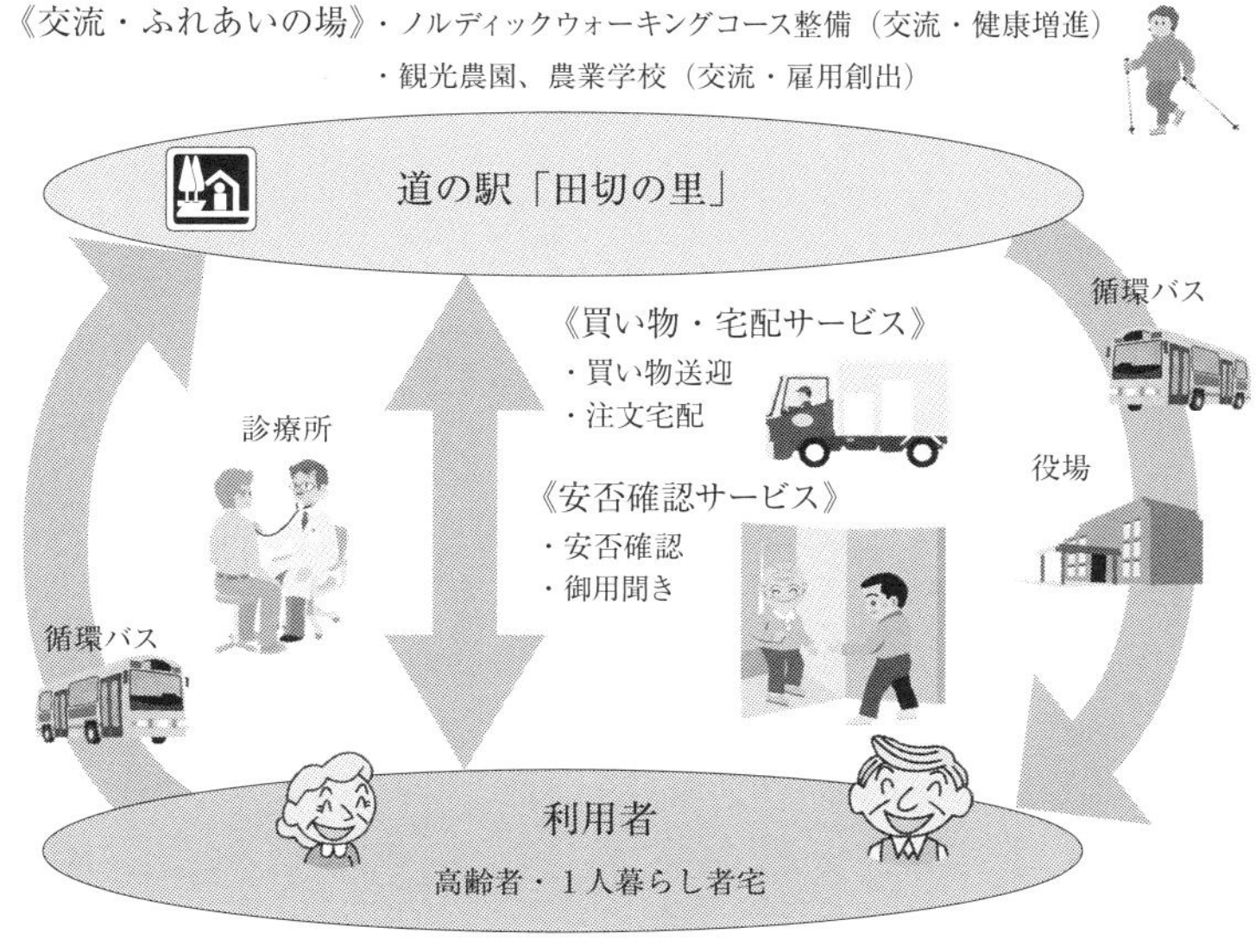

注：資料＝国土交通省「小さな拠点づくりに関する国土交通省の取組」（2015年）より抜粋

道の駅を運営する「(株) 道の駅田切の里」は、高齢者向けに移動販売車で各集落を回る事業や、出荷者となる農家を対象にした農業学校にも着手し、料理教室といった住民向けのイベントを道の駅で開き交流の機会を増やすことを目標に据えています。さらに観光農園、農業体験、安否確認サービスにも乗り出す予定です。定住促進やふるさと納税の窓口も担うなど、多角的な事業を進めます。

図7―1にあるように、道の駅と各集落や町中心部の診療所、役場を巡回バスでつなぎ、住民の生活を支えていきます。田切農産の社長、紫芝勉さんは「生活を支えるサービスだけでなく6次産業化や販売、雇用も道の駅が担う。守りと攻め両方の機能を持ち、兼業農家も大規模農家も女性や高齢者も誰もが参画できる。そこにJAなど地域のさまざまな組織が関わる」と仕組みを説明しています。

道の駅には、実はJAが多様に関わっています。役員やマネージャーには同JA元職員が就任し、さらに道の駅に併設するそば処は、JAの提案を契機に5年前に発足した、同町内のそば好きな人120人による「手打ちそばの会」のメンバーが経営しています。手打ちそばの会は長年、毎週定期的にJA支所でそばの手打ちをして交流を深めてきました。移動販売車の用品はAコープから供給もしています。

そば処の店長、原茂和さんが「地域のいろいろな場面でJAは欠かせないパートナー。大規模農家でなくても地域全体がJAを頼りにしており、道の駅も一体で運営する」と話しているように、現場を訪れるとJAが地域の中で当然のように必要とされていることがよく伝わってきます。

JA上伊那には長年、集落営農組織の出資や直接支払制度の事務支援など地域密着でJA運営をしてきた基盤があります。ＪＡによると、地域運営組織との連携はごくごく自然な流れでした。地域が何か新しい動きに挑戦しようとする時、どんな形でも関わる、何か関わる点がないか模索する姿勢を、ＪＡ上伊那からは感じました。

「小さな拠点」づくりを率先したＪＡはほかにもあります。北海道のＪＡ新すながわは、過疎高齢化、人口減少が深刻な奈井江町にあった生活店舗を改編し、生活に必要なサービスなどを集約して交流の中心「小さな拠点」とし、２０１５年12月から運営を始めました。全国の多くのＪＡで、生活店舗は経営が厳しく、合併や撤退を選択しています。これに対しＪＡ新すながわは、休憩スペース設置など交流の機能を持たせることで経営を発展させる考えをもとに、存続を決めました。現在、利用は順調で、多くの住民に愛される場所になっているとのことです。

もともとあった生活店舗は１９６９年に建設し、長年経営してきましたが、奈井江町の近隣自治体での大型店舗の台頭や同町の人口減少などで、ピーク時に比べて売り上げが激減したため、店舗閉鎖も視野に今後の方向性を模索していました。しかし、町には日常品を買える店舗が少なく、高齢化が進む住民からは存続を求める声が相次いだことから、店舗経営について町と商工会と協議を重ねました。町からの「ＪＡ店舗の撤退は町の衰退に直結する」との意見も踏まえ、「小さな拠点」にすることにしたというのが背景です。

ＪＡ新すながわが取り組む「小さな拠点」は、２０１４年に町、ＪＡ、商工会の３者による協定を締結し、生活店舗を多機能型交流施設に再整備したもので、新しい店舗にはこれまで通りの買い物ができる場所のほか、休憩スペースを併設しました。この休憩スペースは商工会や町が積極的に活用し、多世代が交流できるような商工会のイベントや会議、町の健康相談などを展開し、店舗内に、美容室など商工会の店舗の一部も開設します。

また、新店舗は葬儀や子どもの遊び場などに活用できる多目的ホールがある公共施設とJR奈井江駅がすぐ側にあり、人が集う町の中心部です。JAは3億5000万円を掛けて新店舗を建設し、その資金の一部は地方創生先行型交付金と商店街関連の交付金を活用しました。

JAの川端孝史常務は「地域に住む人にメリットを提示することが、今、求められるJA運営と考えた。みんなが気軽に集まれる場所になっている。地域のために店舗を工夫して存続することが、JAの発展にもつながる。ほかの近くの市町村でも、JAが運営する店舗やガソリンスタンドが最後の砦になっているところがあった。JAの力だけで更新することが非常に厳しいので、行政と連携して存続を模索した結果、利用状況は現在も上々だ。農協改革が言われる中で、地域を存続させるために、これからJAは相当汗をかいていく必要がある」と強調しています。

奈井江町もJAが立ち上げた「小さな拠点」を起点に地域づくりを進める考えで、北良治町長は「コミュニティを分散させるのではなく、JA店舗を拠点に地域づくりを進める。JAは地域全体のために存在し、それがJA事業の発展にもつながることを3者一体で証明していく。地域の中心組織が手を携えて作り上げる小さな拠点として、全国的な先進地にしたい」と決意を表明しています。地方創生に向けたJAの方向性を示している取組みの1つです。

3　JAの存在意義

各地でJAが地方創生との関わりを模索する中で、JAの基盤が「農」であることは、言うまでもありません。では、その「農」とは何でしょうか。筆者は新入社員時代に、上司から「記者は、何のために記事を書くべきか、農家、農村、農業のためか」と問われたことがあります。上司は「地域を離れて経済だけのために発展する産業としての農業のためではなく、自分の稼ぎの農業を営む農家のためではなく、地域を守る農家、地域と切り離せない農村のために記事を書く、その原点を忘れないでほしい」と答えました。この問いは今、農水省やJAにも共通するものであると強く感じています。

地域の中で勝ち組農家をつくり、規模拡大をする農家だけが強くなれば、人がいなくなりコミュニティが崩壊し学校がなくなっていきます。もちろん、強い農業をつくるという視点自体は、重要です。しかし、輸出や大規模化などで成功している一部の農家だけを指して「それを目指せ」というのは、協同組合であるJAの仕事でも農水省の役目でもないはずです。農家の高齢化が著しい状況の中で、「農業者の所得増大」は非常に重要です。ただ、それはJAが地域に根ざした組織であることが大前提です。一部の大規模農業の担い手の育成だけでなく、地域農業全体がどう元気になるのかという地方創生への道筋を描くことが大切なのではないでしょうか。

今、ＪＡは厳しい目線で、政府、地域や他の組織、消費者から見詰められています。ＪＡが組織を見直し、改善を積み上げていく重要な時期です。農山村では、暮らしと農業、地域を全く別々に語ることはできません。地域住民の活動に目を向けると、そこに組合員が何らかの形で関わっているはずです。ＪＡからの動きを待つだけでなく、農家からＪＡ組織に声をかけ、地域運営組織に関わったケースもあります。

地域を見渡せば、ＪＡが求められていること、関わることができることはたくさんあるはずです。まずは地域にとってＪＡあるべき姿とは何なのかを問いかけて行動する、模索する姿勢を地域と共有することが、ＪＡの地域づくりへの参画となり、地域にとっての新たな一歩にもなると思います。そして、それが、農協改革への現場からの大きな声になるはずです。

注

（1）食料・農業・農村政策審議会・第58回企画部会議事録（２０１７年1月13日）。

（2）鈴木博『農協の准組合員問題』全国協同出版、１９８３年。

終　章　農山村からの地方創生——北風から太陽へ

1　ワークショップの意義——何から始めるのか

第1章で見たように、「地方消滅論」を契機として始まった地方創生ですが、そのプロセスやスピードは別として、「まち」（コミュニティの再生）、「ひと」（多様な人材の確保）、「しごと」（経済構造の再編）を基本として、それらに一体的に取り組むという方向性は、農山村再生の方途とほぼ重なります。

また、地方創生の具体的な動きも、最初の1年（2014年度）は法律の制定や総合戦略づくりという国レベルの動きが中心となり、2年目は地方版総合戦略づくりを中心とした地方自治体レベルに焦点が移りました。そして、それ以降は、第3章で見た地域運営組織を中心とした、地域コミュニティ・レベルが取組みの中心となっています。

その点で、コミュニティからの積み上げを志向した農山村の地域づくりが蓄積してきたさまざまな経験や教訓がいよいよ活かされる条件を得たとも言えると思います。つまり、地方創生という大きな動きがあろうとなかろうと、農山村がこれまで取り組んできた「地域づくり」の方向性を確信して歩むべき状況になっているのです。

それにもかかわらず、しばしばある問いかけは「何から始めたらよいのか」というものです。それがわからないので、動けないという地域が農山村の中では少なくありません。しかし、この問いに対する回答もまた明らかです。そうした地域で、まず必要なことは、地域で徹底したワークショップを行うことだと言えます。そこで、本書ではあえてこの点を説明することにより、終章としたいと思います。

いうまでもなく、地域づくりの入り口におけるワークショップの必要性はいままでもさまざまな論者により、またいろいろな名称で語られていました。例えば、山崎亮氏が主導し、各地で成果を生み出している「コミュニティデザイン」は、「地域の課題を住民が主体的に考えて解決するための活動を手伝う」(1)ものであり、その主要な手法の1つがワークショップにほかなりません。

また、早くからのワークショップの実践家である山浦晴男氏が、最近、自らの経験に基づく良書を発表しています(2)。そこでは、地域において、住民の内発力を掘り起こし、さらに鍛え、主体的な問題解決に導くワークショップを「寄り合いワークショップ」と名付け、その理論から実践的ノウハウまでの全貌が示されています。

同書によれば、山浦氏を中心に和歌山県で集中的に取り組まれた「寄り合いワークショップ」は、10年間に52地区で実践され、その約半数の地域において、停滞していた地域活動が動き出したと言われています。それを氏は次のように自ら評価しています。「世の中でもてはやされているような、傑出したリーダーがいて華々しい成果をあげている事例にはまだ及ばない。しかし地域住民が立ち上がり、成果は地味でも地域再生の軌道に乗っている打率が5割にのぼるところに、この取組みの価値がある」(3)。また、山浦氏は、「住民は地域の暮らしの専門家である。知恵を発揮する道筋が閉ざされなければ、知恵の宝庫に大変身する。そこからしか日本の地域再生は始まらないといっても過言ではない」(4)という確信を語っており、深く共感できます。まさに、あらゆる地域がワークショップから始めるべきことを教えてくれています。

2　ワークショップのポイント

そこで、このようなワークショップを各地で進める準備が必要になります。筆者の経験からすれば、①進行を担うファシリテーターの確保、②ワークショップの計画や事後的対応を促進する行政職員の関わりが重要なポイントになるように思います。

①のファシリテーターの確保が重要なことは言うまでもありません。山崎氏や山浦氏のような経験豊かなファシリテーターが農山村のすべての地域を担当することはもちろんできませんので、このファシリテーターの養成が課題になります。両者とも、ファシリテーターの養成（山崎氏はコミュニティデザイナーの養成）に力を入れていることからも、その重要性がわかります。

中でも山浦氏は、市町村職員、都道府県職員、ＮＰＯ職員や志のある地域おこし協力隊、集落支援員などの外部サポートなどをファシリテーターとして養成することの必要性を論じています。つまり「ファシリテーターは必ず外部の人間が望ましい」などと固定化するのではなく、そのワークショップの内容や課題の質により、それぞれ特徴があるファシリテーターが関わりを持つ必要があることを教えてくれています。

そのことを前提としつつ、特に市町村職員のファシリテーターとしての養成は急ぐべきだと思われます。確かに、市町村職員は行政担当者として、住民にとっては「利害関係者」と見なされ、それが原因でワークショップの運営がスムーズに進まないケースもあります。さらに、筆者の経験でも、行政職員が、事業当事者として、ワークショップを行政で決めたことの同意を得る場として利用してしまうケースさえあり、それは絶対に避けるべきだと思います。

しかし、他方で職員は地域の条件や人間関係などを、他の属性の者よりはよく理解しており、いま述べたようなケースを回避すれば、良質なファシリテーターとなる可能性が高いとも言えます。直接の事業担当者のみならず、あらゆる部署の行政職員が、ファシリテーターとしての能力を発揮できることが理想であり、それを目指した職員のファシリテーター研修などが、市町村段階では、ます求められることではないでしょうか。

また、先に指摘したポイントの②であるワークショップの実施プロセスにおける行政の関わりも同様に重要です。ワークショップの実施を発案するのは、住民であることが一番望ましいのは事実です。人によっては、地域づくりに必要な「内発性」はこのレベルから追求しなくてはならないと言います。つまり、住民が内発的にワークショップを提案、実施すべきだという主張です。しかし、現実には、このワークショップ自体を知らない住民も少なくありません。そのため、行政、外部のＮＰＯ（中間支援組織）や大学がワークショップの実施を、地域に持ちかけることの方がむしろ一般的です。

そして、行政にとって特に重要なのは、むしろその後にあり、ワークショップの実施を通じた、住民意識の変化やその意向をしっかりと把握することです。多くの場合、ワークショップの成果として、「地域点検マップ」などを含めた何らかの将来ビジョンが作られますが、当然、そこで示されたことを実践することこそが真の成果になります。その実践の中には、たとえばアドバイザーの紹介や派遣、事業実施のために交付金や補助金の獲得などの面で、行政の支援が必要なものもあるでしょう。あるいは、そのような大きなサポートではなく、職員が蓄積した知識を活かしたちょっとしたアドバイスや情報提供も有効です。

このように、地域でのワークショップが実践されるとすれば、いろいろな意味で行政は関わりを持つことが欠かせません。もちろん、その役割の一部は、地域おこし協力隊や集落支援員などの、行政に関わる外部サポーターによって担われることもあると思いますが、そうだとしても行政に情報を集める仕組みが必要になります。

なお、２０１５年度より、第3章で論じた、地域運営組織の設立支援として、ワークショップ経費などを中心とする地方財政措置（普通交付税および特別交付税）が行われています（２０１６年度で総額５００億円）。従来も国レベルの施策でワークショップを取り上げる事業はありましたが、補助金ではなく、一般財源の中でワークショップ推進が位置づけられた点で画期的であり、行政の関わりを含め、その成果が注目されます。

3　なぜ、手間のかかるプロセスが必要なのか

行政から見れば、ワークショップは、手間がかかるプロセスです。また、当然、主体となる地元住民にも負荷がかかります。にもかかわらず、地域づくりの出発点やあるいは新たなステージの入口において、不可欠なプロセスであると言えます。それは、なぜでしょうか。もちろん、先にも触れたように、ワークショップによりなんらかの地域の将来ビジョンが取りまとめられるという一般的な成果もあります。しかし、それ以上に重要なのは、このプロセスを通じた住民意識の変化です。

この点については、ワークショップに関わるさまざまな人々が指摘しています。たとえば、地元学を提唱する吉本哲郎氏は「じつは、地元学はポジショニングのことなのです。自分がいまどこにいるかわかるから、自分が見えてくるのです。やることも見えてくるから、自信がついてくるようです」(5)と論じています。また、先にも引用しましたが、山浦晴男氏が言う「住民は地域の暮らしの専門家である。

知恵を発揮する道筋が閉ざされなければ、知恵の宝庫に大変身する」という表現は印象的でした。いずれも、ワークショップが、住民のこうした変化を生み出していることをリアルに語っています。

それでは、住民の従前の意識はどのような状態だったのでしょうか。いろいろな説明ができますが、そこには何らかの形で諦めの意識（諦観）が存在していると筆者は思います。最も極端には「なにをやってもダメだ」という思いですが、そこまでいかないものの、取組みを傍観する人々の意識にも諦観が混在している可能性もあります。

そして、この諦観のさらに根っこには、厳しい表現ではありますが「誇りの空洞化」と言わざるを得ないようなプロセスがあるように思います。かつて筆者は、西日本の山村で、「自分の子どもにはこんな地域に残って欲しくなかった。だから学校（大学）に入れた」という母親の声に接することがありましたが、それがまさに「誇りの空洞化」でしょう。このように、その地域に住み続ける意義や意味を見いだせない状況が、諦めの背景にあるのではなないでしょうか。

同じようなことを、大分県知事として著名だった平松守彦氏は次のように記しています。「私が常に県民を励ましていた言葉がある。『過疎は怖くない。怖いのは〝心の過疎〟だ』と。心の過疎とは、この町に住むのは嫌だ、都会にいって住みたい、という気持ちになってしまうことである。自分の住む地域に愛情を失くし、やる気も失くすことである。」(6)

さらに、歴史を遡ったより根源的な指摘もあります。民俗学者の湯川洋司氏は、「歴史を振り返れば山の暮らしは平地の暮らしとは基本的に異なっていた」として、「その異質性は出来るべくして出来たものであったのだから、むしろ当然の姿であり、そこには優劣を測るものさしは一切存在しなかったと言ってよい」と論じています。それを前提にして考えると、「(過疎化とは)その根をさらに洗い出せば、山の人々が都市生活とは決定的に異なるはずの自らの暮らしの質に対する理解や認識を欠き、結果的に自信を失ったところに原因があったのではないか」[7]と問題提起しています。

こうした住民の深層にあった「誇りの空洞化」が、本書の冒頭で見た「経済とコミュニティの危機」の中で、諦観に転化しています。このことを少し回り道しながらも、あえて強調するのは、地域において、立ち上がれないという実情は、単にノウハウがない、リーダーがいないという単純なものではなく、それを含みつつも、根深い要素が絡み合っている可能性があるからです。そして、この諦観から脱却する1つのプロセスがワークショップに他なりません。

そうであれば、そのような役割を果たすことが期待されるワークショップはおのずから丁寧である必要があります。また、当然、手間をかけるべきものでしょう。そこでは、「経済の論理」からのスピード感の追求や、「行政の論理」による補助事業の単年度成果主義による短時間での遂行や成果を求めることは控えなくてはならないです。

4　地方創生の北風と太陽

最後に、本書の冒頭で論じた「地方消滅論」に議論を戻しましょう。

地方消滅論、特にその推計をめぐる批判は多くありました。特に、その扱うデータが古く、いわゆる「田園回帰傾向」を反映していない点などは明らかな問題点でした。しかし、それにもかかわらず、この議論にシンパシーを持つ人々は少なくありません。それは、「消滅」というショックが、関係者に危機意識を生み出し、再生への契機となるという期待によるものでした。

確かに、永田町や霞ヶ関ではその戦略は成功しました。すでに第1章の**表1－1**で確認した通り、増田レポート（２０１４年5月）、地方創生本部設立準備室の設置（同7月）、地方創生本部の立ち上げ（同9月）、地方創生法成立（同11月）、地方創生総合戦略の閣議決定（同12月）という淀みない流れは、その起点に地方消滅論がなくてはあり得なかったでしょう。

しかし、地域の現場ではこのショック療法は成功してはいません。この点も第1章で指摘したことですが、むしろ再生の途に重大な負の影響を与えているとしても過言ではありません。なぜならば、過疎地や中山間地の現場では、いま必要なことは、直前に論じたように諦観からの脱却だからです。そのために、地域の現場ではワークショップという手間がかかり、また決して華々しくはない地道な取組みを進めています。

そうした時に、名指しで将来的可能性を「消滅」と断じることは、その努力に水を差すことでしょう。

むしろ、いま必要なことは、地域に寄り添いながら、「あの空き家なら、まだ移住者が使える」、「あそこの子どもは戻ってきそうだ」などと、具体的に地域の可能性を展望することでした。つまり、可能性の共有化こそが諦観からの脱却の具体策なのです。そして、その場がワークショップであり、これこそが、地方創生のスタートラインに必要なものでした。しかし、地方消滅論は、まさにそれとは正反対の対応だったのではないでしょうか。

それは、あたかもイソップ童話の旅人をめぐる「北風と太陽」の逸話のようです。旅人のマントを脱がそうと、太陽と北風が力自慢をしたというあの物語です。消滅という北からの暴風を吹かせるのではなく、地域の可能性を太陽のように温かく見つめて、時間をかけて地域に向き合うという選択こそが現実に必要でした。ただし、童話と異なるのは、北風により、旅人が深く傷ついたことです。力ずくの対応は、諦観の加速化という深刻な副作用を生んだと言えるでしょう。そのため、太陽路線は、より丁寧さが求められています。

こうした私たちの主張に対して、地方消滅論を支持する論者は、「時間がない」と言い、太陽路線を批判します。しかし、この間は、むしろ北風によるダメージの修復にこそ、地域は時間とエネルギーを削られていたように思います。

現在、地方創生が唱えられはじめてから3年以上が経過しています。農山村では、地方創生以前からの取組みもあって、その蓄積により、再生の方向性が見えてきました。しかし、依然として最大の課題は、地方消滅論により加速化した地域の諦めを払拭することだと思われます。太陽路線の地方創生からの再出発が求められているのです。

注

(1)山崎亮『ふるさとを元気にする仕事』筑摩書房、2015年。
(2)山浦晴男『地域再生入門――寄りあいワークショップの力』筑摩書房、2015年。
(3)前掲・山浦『地域再生入門』157頁。
(4)前掲・山浦『地域再生入門』233頁。
(5)吉本哲郎『地元学をはじめよう』岩波書店、2008年、210頁。
(6)平松守彦『地方からの発想』岩波書店、1990年、227〜228頁。
(7)湯川洋司『山の民俗誌』吉川弘文館、1997年。引用は8〜11頁の抜粋。

著者略歴

小田切 徳美 ［おだぎり とくみ］

〔略歴〕
明治大学農学部教授。神奈川県生まれ。東京大学大学院農学生命科学研究科博士課程単位取得退学。農学博士。
〔主要著書〕
『農山村は消滅しない』岩波書店（2014年、単著）、『世界の田園回帰』農山漁村文化協会（2017年、共編著）、『内発的農村発展論』農林統計出版（2018年、共編著）他多数。

尾原 浩子 ［おばら ひろこ］

〔略歴〕
日本農業新聞農政経済部記者。鳥取大学地域学部非常勤講師。島根県生まれ。埼玉大学教養学部卒業。
〔主要連載〕
日本農業新聞90周年キャンペーン「若者力」など。

農山村からの地方創生

2018年4月30日　第1版第1刷発行

著　者　小田切徳美・尾原浩子
発行者　鶴見治彦
発行所　筑波書房
東京都新宿区神楽坂2－19 銀鈴会館
〒162－0825
電話03（3267）8599
郵便振替00150－3－39715
http://www.tsukuba-shobo.co.jp

定価はカバーに表示してあります

印刷／製本　中央精版印刷株式会社

ISBN978-4-8119-0533-4 C0036